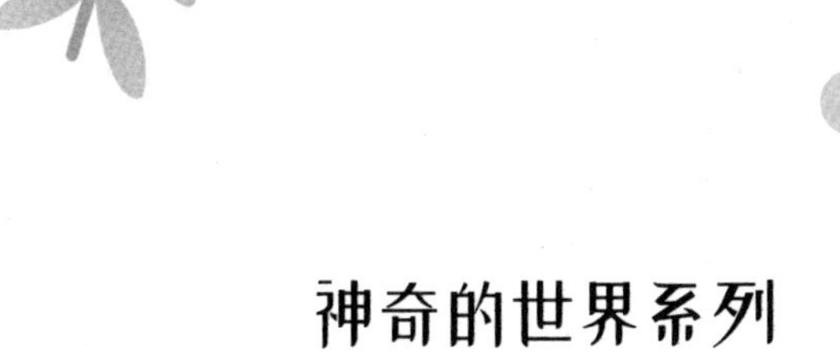

神奇的世界系列

聪明的植物

插图版

朗悦洁　编著

武汉出版社
WUHAN PUBLISHING HOUSE

(鄂)新登字 08 号
图书在版编目 (CIP) 数据
聪明的植物 / 朗悦洁编著 . -- 武汉：武汉出版社，
2015.5（2018.10 重印）
ISBN 978-7-5430-8967-9
Ⅰ. ①聪… Ⅱ. ①朗… Ⅲ. ①植物 - 青少年读物
Ⅳ. ① Q94-49
中国版本图书馆 CIP 数据核字（2015）第 028358 号

书名：聪明的植物

编　　著：朗悦洁
本书策划：李异鸣
特约编辑：周乔蒙
责任编辑：王冠含
封面设计：华夏视觉
出　　版：武汉出版社
社　　址：武汉市江岸区兴业路 136 号　邮　　编：430014
电　　话：(027) 85606403　85600625
http: //www. whcbs. com　E-mail：zbs@whcbs. com
印　　刷：北京市文林印务有限公司　经　　销：新华书店
开　　本：787mm × 1092mm　1/16
印　　张：10.5　字　　数：150 千字
版　　次：2015 年 5 月第 1 版　2018 年 10 月第 2 次印刷
定　　价：49.80 元

前言

你知道吗？植物并不是傻傻地站在那里不会动的，它会睡觉、会换衣服，会生娃、会治病……这些只属于人类才有的技能出现在植物身上是不是让你大吃一惊？当听到这些奇妙的事情时，你的脑海中有没有想过为什么，有没有想去探索个中的奥妙？

你知道吗？千百年来，植物一直在默默地完成自己的使命，它们繁殖、生存，而且越来越适应环境，你知道这是怎么回事吗？

你知道吗？春暖花开、随风摆舞、探测矿产、自动行走、抗击严寒……这些属于植物的行为，你知道是怎么回事吗？

你知道吗？你知道车前草的名称由来吗？你知道韩信草的历史传说吗？

植物是非常有趣的，与我们的生活密切相关。你知道光合作用、治病药物、养生佳品与人类的密切关系吗？

这本关于植物的小百科全书，将带你走进奇妙无穷的植物世界——行走、换衣服、开口说话和探测矿产的植物传闻，去探寻植物世界中植物们的真实面目。

翻开这本书，你将在神秘的植物世界里，看到多姿多彩的花朵、形状各异的树叶，无数的植物扮演着一个个生动而鲜明的角色，上演的一幕幕奇趣横生的动画片。

探索植物的奥秘，不仅仅是科学家的责任，也是孩子们的功课。

目录

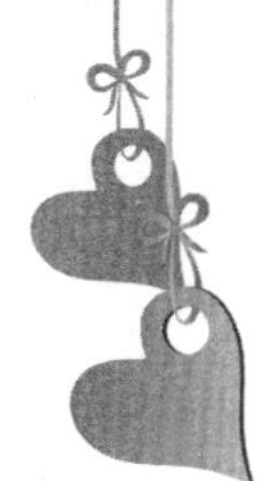

第3章

❤ 世界各地的奇异植物 / 049

第4章

❤ 植物界不为人知的趣事 / 077

第5章

❤ 植物界中的“天才” / 099

第一章　走进奇妙的植物世界

睡梦罗汉——植物也需要睡觉

放假的时候，佳佳到姥姥家去玩。在那里，她认识了很多以前没有见过的植物和动物，可以说大开眼界。

这天，佳佳跟着姥姥去花生地里锄草。太阳快落山的时候，佳佳意外地发现花生叶子发生了变化，中午的时候，佳佳看到花生叶子是张开的，而这个时候却发现叶子都卷缩起来，像个受委屈的孩子一样，依偎在妈妈的怀中。

咦？这个是怎么回事呢？

佳佳从小就喜欢研究一些花花草草，她蹲下身，认真地观察这些花生叶子。她发现，这些花生叶子上都带着一点潮湿的水汽，用手摸上去凉丝丝的。更令她意外的是，每两片叶子都是彼此相互拥抱着……这与白天时的四散张开有着很大的不同。

佳佳有点不理解，问："姥姥，花生的叶子为什么卷缩起来了？白天的时候，它为什么不卷缩呢？是不是因为叶子在夜里会害怕？"

姥姥笑着说："花生叶子不是害怕了，是太阳快落山了，它也要睡觉了。"

佳佳很惊奇："睡觉？花生的叶子还会睡觉？"

姥姥点点头。

植物真的会睡觉吗？

其实，在植物界中，植物的睡眠活动是一种非常常见的自然现象。在我们身边，平时只要细心观察，就能够发现，一旦到了夜晚，一些植物便会发生奇妙的变化。比如，有一种在野外常常能够见到的三叶草，这种植物开紫色的小花朵，长着三片小叶子，白天阳光充足时，每片叶子都舒展着，但到了傍晚，三片小叶子就会闭合起来，垂着头，这就是在准备睡觉了。

比如，在公园里经常能够看到睡莲花，每当太阳要落山时，它就会将漂亮的花瓣闭合起来，进入一种睡眠状态。

除了花生、三叶草以及睡莲花之外，会睡觉的植物还有很多很多，比如羊角豆、大白菜等。

我们知道，人类睡觉是为了恢复身体和大脑的功能，那么植物的睡眠有什么好处呢?

经过植物学家的研究发现，一些植物在白天把叶子展开，进行光合作用，这样有利于加大受光面积；而晚上睡觉时关闭叶子，进行呼吸作用，能减少叶子与空气的接触面积，减少水分的散失。根据科学家的研究发现，在相同的环境中，能进行睡眠的植物生长速度快，具有更强的生存竞争能力。

随着研究的深入，植物学家还发现了一个有关植物睡眠的有意思的现象：有些植物除了晚上正常的睡眠之外，还有午睡的习惯。植物学家认为，植物午睡主要是由于大气环境的干燥炎热引起的，午睡是为了减少水分散失。

当然，并不是所有需要睡眠的植物都是选择在夜晚睡觉，有一些植物选择在白天休息，晚上活动。聪明的小朋友，平时可要认真观察，别惊醒了白天睡觉的植物哦。

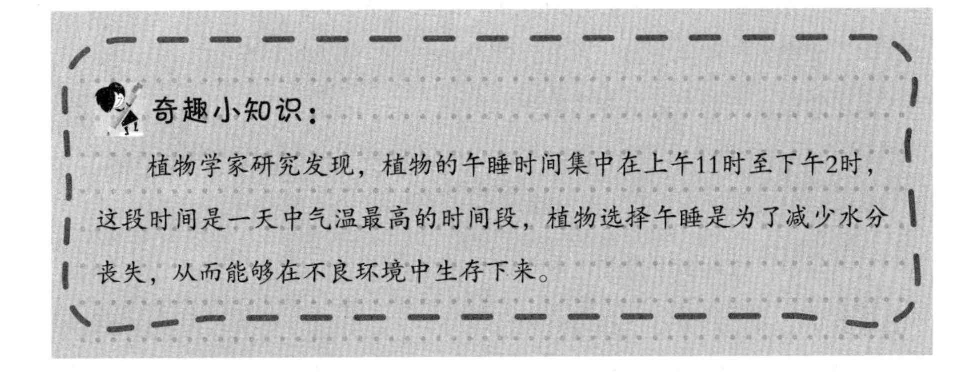

奇趣小知识：

植物学家研究发现，植物的午睡时间集中在上午11时至下午2时，这段时间是一天中气温最高的时间段，植物选择午睡是为了减少水分丧失，从而能够在不良环境中生存下来。

谈之色变——纹丝不动换衣服

佳佳平时喜欢收集各种各样的树叶，将这些树叶夹在本子里做成标本，和有同样爱好的小朋友一起学习、讨论。

这次放假了，她准备到姥姥家去收集一些树叶，带回家里。在去姥姥家之前，妈妈告诉她，姥姥家那边有各种形状和颜色的树叶，而且，在不同的季节，同一片树叶的颜色也不一样，有黄色的、红色的、紫色的、橙色的……绚丽多彩。

佳佳高兴得合不拢嘴，但同时也有些不理解，她问："妈妈，树叶的颜色怎么会有变化呢？"

妈妈笑着说："那是因为树叶也要换衣服啊。"

佳佳更加不理解了，问："树叶换衣服？怎么换？"

妈妈回答说："其实，树叶换衣服和我们人类一样，人类在冬天天气转冷的时候，会穿上厚厚的冬装，夏天的时候会换成舒适凉爽的夏装。而树叶呢，它们换衣服就是改变各种不同的颜色。"

树叶改变颜色在我们的大自然中是比较普遍的一种现象，这种颜色的改变多半是随着季节的变化而改变。例如，在我国山东、河北、河南等地生长着一种常见的红栌，这种树木除了在冬季树叶掉落外，其余的三个季节，树叶会处于多变的状态中，好像是一种风格迥异的时装秀。在整个春季，树叶会呈现粉红或者紫红，颜色变化非常明显。到了盛夏之后，树叶会从树木的下部开始变化，由红变绿。慢慢的，随着温度的升高，处于树枝顶端的树叶还会冒出如花絮一般的花朵，远远望去，非常漂亮。等到秋天天气转凉之后，所有树叶的颜色会恢复成红色，特别是在经过一两场霜之后，红色会愈发明显，非常诱人。

其实，在植物界中，只要你细心观察，就会发现除了红栌之外，还有很多植物的树叶具备改变颜色的功能。其实，这是植物叶子本身的特征，树叶的颜色之所以会变，主要是因为体内有大量叶绿素。叶绿素是一种很容易受到温度影响而发生变化的物质。除了温度的因素外，叶绿素也会随着植物的不同生长阶段而发生变化。

由于叶绿素会在植物的不同生长阶段发生变化，因此，植物的叶子就会在颜色上表现出深浅黄绿色的不同。

听完了妈妈的讲述之后，佳佳高兴得又蹦又跳：“我又学到新知识了，这次去姥姥家，一定要认真观察树叶的变化。”

奇趣小知识：

唐朝著名的诗人杜牧有两句著名的诗：停车坐爱枫林晚，霜叶红于二月花。为什么枫叶会变红呢？这是因为枫叶中含有叶绿素、叶黄素、胡萝卜素、花青素等色素，其中，花青素是一种特殊的色素，也是枫叶变红的关键所在。随着天气转冷，气温降低，枫叶中的花青素逐渐增多，枫叶也就变成了红色。

大树生娃——树也有胎生

佳佳放学回家，刚进门还没有放下书包，就对在厨房里忙碌的爸爸问开了："爸爸，我问你一个问题。"

爸爸说："什么问题？"

佳佳问："爸爸，今天老师告诉我们，大树还会生娃娃，是真的吗？"

爸爸没有立即回答佳佳的问题，而是反问佳佳："你认为呢？"

佳佳想了想，说："我不知道。"

爸爸对她说："在书房里有这方面的资料，你去找找就知道了。"

人类和动物能够通过胎生繁育后代，植物也能够通过胎生繁殖吗？

一般而言，植物的繁殖方式是植物的种子成熟之后，会脱离母体，然后在适宜的温度、水分和空气等条件下，在土壤里发芽、长大。然而，有一种植物繁殖却和动物一样，通过胎生的方式。

这种植物的名字叫红树，它所谓的胎生的方式是这样的：种子成熟之后，不会脱离母体，而是直接在果实里面发芽，吸取母体里的营养成分，直到成长为一棵胎苗，才会脱离母体独立生活。

为什么红树会存在胎生这种繁殖模式呢？其实，这和它特殊的生存环境有很大的关系。

红树生长在热带、亚热带沿海一带的海滩上，树高2米~12米，在我国的海南、广东、福建以及台湾都能够见到。在这些地区，还生长着很多类似的

树木。

而红树就生活在这些地区的海滩上，这些地区常年高温多雨，经常会出现树干被水淹没的现象，涨潮时红树的树干就会被海水淹没；退潮后，这些红树又会重新挺立在海滩上。

红树生活在这种特殊的环境中，如果像其他树木一样繁殖，则种子掉落在地上之后，很容易就会被海水冲走。而选择胎生，则能够保证小红树在涨潮时存活下来。

红树具体的胎生现象，可分为显胎生和隐胎生。显胎生是指，种子萌发的时候，就能够明显地看到小树苗。种子的下胚轴明显伸长，很快就能够突破果皮，形成样子如同长长的“水笔”的胎生苗。这种胎生苗掉落在海滩的淤泥中，短短的一两个小时就能够在淤泥中扎根生存下来。

而隐胎生的种子胚轴并不伸出果皮，萌发的种子被果皮包裹着，在果实外面看不出来，果实落地后胚轴才伸出果皮，才能够看到小红树。

当然，在这个树种中，只有大概一半数量的红树具有这种胎生的繁殖方式，那些不具备这种胎生现象的红树，它们的种子在脱离母体植物以前不萌发，它们的种子经常会被海水冲走，大部分被卷入海底，只有很少一部分能够随水漂流，随水漂流的种子在大海上漂流数个月，会在几千里外的海岸安家落户。

奇趣小知识：

由胎生红树组成的红树林有“海底森林”的美誉，它们净化污水，净化重金属、农药等的能力特别强，在防止赤潮（又称红潮，是一种水华现象）发生方面也起着至关重要的作用。

美容师——自然界中的洗衣机

佳佳在奶奶家过暑假的时候，为了培养她独立的生活习惯，妈妈决定让佳佳自己洗衣服。

因为天气比较炎热，佳佳的衣服每天都要洗，开始她还能够承受，慢慢的，她就有点懒惰了。这天，她洗完衣服，坐在树底下乘凉。

看着大树，佳佳懒洋洋地说："要是大树能够帮我洗衣服，该有多好啊。"

妈妈笑了，说："如果你生活在阿尔及利亚的话，大树就真的能够帮你洗衣服了。"

佳佳大吃一惊："难道大树真的会洗衣服？"

妈妈点点头。

佳佳觉得不可思议："大树又没有手，也不会动，怎么会洗衣服呢？"

妈妈说的话是真的吗？大树真的会洗衣服吗？

其实，妈妈并没有说谎，在阿尔及利亚真的有一种能够自动洗衣服的大树。根据常识，这似乎不可思议。现在，让笔者慢慢地告诉你大树洗衣服的真相。

在阿尔及利亚有一种生长在碱性①土壤中的四季常绿的树木，名字叫普当。普当在当地的语言中，意思是"能除污秽的树"。

---

①碱性：碱性和酸性是相对的，是指物质在水等液体中的呈现的一种特征。在家庭生活中，做面包用的小苏打、家中使用的清洁剂等，都含有碱性物质。

这种树枝粗叶茂，浑身鲜红，远远地看去，就像是大红柱子一样。生活在那里的人们，会将要洗的脏衣服捆绑在树干上，几个小时之后，将这些衣服从树干上取下来，在清水中漂洗一下，就很干净了。

这种树为什么会有这种功能呢?

如果你走近大树仔细观察，会发现树皮上有许许多多细小的孔隙，并且不断地有微黄色的液体从孔隙中流出。这些液体中含有大量的碱性物质，类似于洗衣液一样，具有很强大的去污作用，并且洗涤衣物之后，衣物上会存留着淡淡的清香。因此人们也称它为“洗衣树”。

这种树本身为什么会有许许多多细小的空隙呢? 原来，这和当地的土壤环境有密切的关系，阿尔及利亚的土壤是著名的盐碱性土地，且当地的气候是冬天暖和、夏天酷热，树叶会蒸发出大量的水分。

为了补偿失去的水分，树根会从土壤中吸收大量含碱性的水分，这给树本身造成了极大的危害。为了排出本身吸收的大量的碱性物质，大树不得不在自己身上“扎”出许多细孔，专门用来排出碱性物质。

大树排出的黄色的碱性液体，恰恰是一种优质的天然洗涤剂，有着良好的去污除脂增白的作用。

听完妈妈的讲述之后，佳佳惊叹地说：“原来植物那么有趣啊。”

奇趣小知识：

经常胃酸的人，应该多吃一些碱性水果，这样可以达到酸碱平衡，有助于减轻胃酸，恢复健康。例如，可以吃柠檬、橘子、柚子、葡萄、甘蔗、青梅、苹果、番茄等。

方向专家——植物中的指南针

佳佳参加学校组织的郊游活动回来，刚刚放下书包，就向正在看报纸的爸爸发问："爸爸，今天的郊游中，老师给我们布置了一项作业，我想向你求助。"

爸爸放下报纸，问："什么样的作业？"

佳佳说："老师让我们寻找植物中的指南针。我觉得很奇怪，植物中怎么会存在指南针呢？指南针不是人类发明的吗？"

爸爸笑了，说："其实，除了人类发明的之外，植物中也有很多指南针，而且，植物中指南针的准确性有的时候比人类发明的指南针还要准确呢。"

佳佳觉得很不可思议，问："真的吗？"

爸爸点点头。

其实，在大自然中，除了人类能够指出东南西北之外，有些植物也具有这个本领，而且具有相当准确的定向能力。

在美国生长着一种称为莴苣的植物，这种植物的叶面总是与地面垂直，而且无一例外地都指向南北方向，定位相当准确，被当地的人们称为"指南针植物"。

莴苣的叶子为什么会与地面垂直且都指向南北方向呢？植物学家经过研究发现，叶子的指向和太阳有密切的关系。在中午的时候，阳光比较强烈，树叶垂直能够实现受阳光照射面积最小，能够最大限度地减少水分蒸发。而在清晨和傍晚，树叶可以在水分蒸发最少的情况下进行较多的光合作用。这样，指南针植物就能够在干旱的环境下，较好地生长。

其实，除了莴苣之外，很多植物都具有这种指向性，比如，在非洲东海岸的马达加斯加岛上，生长着这样一种奇怪的树木，它的名字叫“烛台树”。在当地有这样一种说法，随身携带着指南针，还不如看烛台树准确呢，这是因为烛台树的叶片可以替代指南针来指示方向。

烛台树在当地分布的范围很广，平原、山地以及草原都有分布。这种树的树干上面，长着一排排细小的针形的树叶，不管生长在哪里，它的针叶永远像指南针似的指向南极，因此当地居民称之为“指南树”。

植物学家经过研究发现，它和莴苣的成因很类似。在当地，“指南树”为旅游者提供了方便，它可随时为人们指出方向。当地的孩子们在进入丛林采集或玩耍时，在它的帮助下也不会迷失方向，所以人们非常珍爱这种树，并非常注意保护它。

听完了爸爸的描述之后，佳佳惊讶地说："原来植物身上有这么多知识呢。"

爸爸点点头，说："不管在什么地方，如果你以后迷路了，只要你细心观察，很多植物都可以作为指明方向的依据。"

佳佳点点头，默默地记在了心里。

奇趣小知识：

在生活中，细心观察身边的树木，会发现大树南侧的枝叶茂盛而北侧的则稀疏，这就是光合作用的结果。

扑灭大火——植物中的消防战士

佳佳和爸爸在看一则新闻，新闻报道说：……我国湖南、福建、湖北、云南、贵州、四川等省部分地区相继发生森林火灾。据国家林业局13日消息，12日8时至13日8时，全国共监测到林火热点615个，福建、湖南、贵州等各地经核实发生林火222起，目前仍有88起在扑救。其中，湖南新宁县和贵州毕节市森林火灾造成4人死亡……

佳佳说："森林大火太可怕了，看来以后野炊的时候一定得注意安全。"

爸爸点点头，表示赞同。

佳佳说："如果森林能够自动灭火就好了。可惜，植物没有手，也没有脚，无法自己灭火。"

爸爸说："其实，有一种植物只要发现火苗，就会自动灭火，算是森林中的'消防员'。"

佳佳觉得难以置信："大树怎么能灭火呢？"

在非洲安哥拉西部的原始森林中，生长着一种名叫樟柯树的树种，这种树有特别灵敏的触觉。当有人在树底下点燃火源的时候，这棵树会立即喷射出一股股白色的液体，将火扑灭。

曾经有个外地游客到当地旅游，在樟柯树的树底下休息。这时，他点燃打火机准备抽烟，却不料突然有一股股白色的液体从周围喷到他身上，这位游客被喷得满脸都是，面目全非。他非常不理解。后来，经过当地人的描述，这位游客才知道自己"得罪了"森林消防员。

由于当地的气候是常年高温，容易起火，而樟柯树四季常青，它的枝叶特别茂盛，是乘凉消暑的好去处。

那么，樟柯树是依靠什么奇怪的武器来灭火的呢？原来，在樟柯树茂密的树叶中，有许许多多的枝杈，这些枝杈之间有许许多多的类似柚子一般大小的"水球"，这些水球里面充满了从树上分泌出来的液体。

奇妙的是，这些"水球"特别害怕见到火光，一旦见到火光，就会从表面无数的小孔里喷出白色的液体。植物学家经过研究发现，这些白色液体的主要成分是四氧化碳这样的灭火物质。日常消防员所使用的灭火武器主要是固态二氧化碳，而四氧化碳的灭火效果要远远强于固态二氧化碳。

有的时候，一些人搞恶作剧，"故意"向樟柯树挑战，在它的树下点燃篝火。这个时候，就会出现一幅壮丽的图景：樟柯树像发了疯一样，不断地向火源喷出道道白色的液体，直到将火扑灭以后才罢休。

在安哥拉，当地人对自己国家能有樟柯树这样的"森林消防员"而自豪。在当地还有这样一种习俗，在盖房子的时候，房顶会用一些樟柯树的木料，寓

意是能够赶走一切霉运，住得平安、放心。

植物之中，无奇不有，佳佳大开眼界。

爸爸对她说："如果你好好学习，还有更多新奇的东西等你去探索呢。"

奇趣小知识：

我们日常生活中常见的灭火器是干粉灭火器，是利用加压二氧化碳气体作为动力，将桶内的干粉喷出，使大火与燃烧物隔绝，从而实现灭火的目的。

再世华佗——治百病的医生

佳佳在小区玩滑梯的时候，不小心划破了手指。她赶紧跑回家，让妈妈给她包扎。

妈妈用清水帮她冲洗了伤口，然后又用酒精消了毒。最后，用棉签蘸上薰衣草精油，涂抹在伤口上，佳佳觉得伤口一阵凉爽，疼痛感消失了。

佳佳问："妈妈，你给我涂抹的是什么呀？"

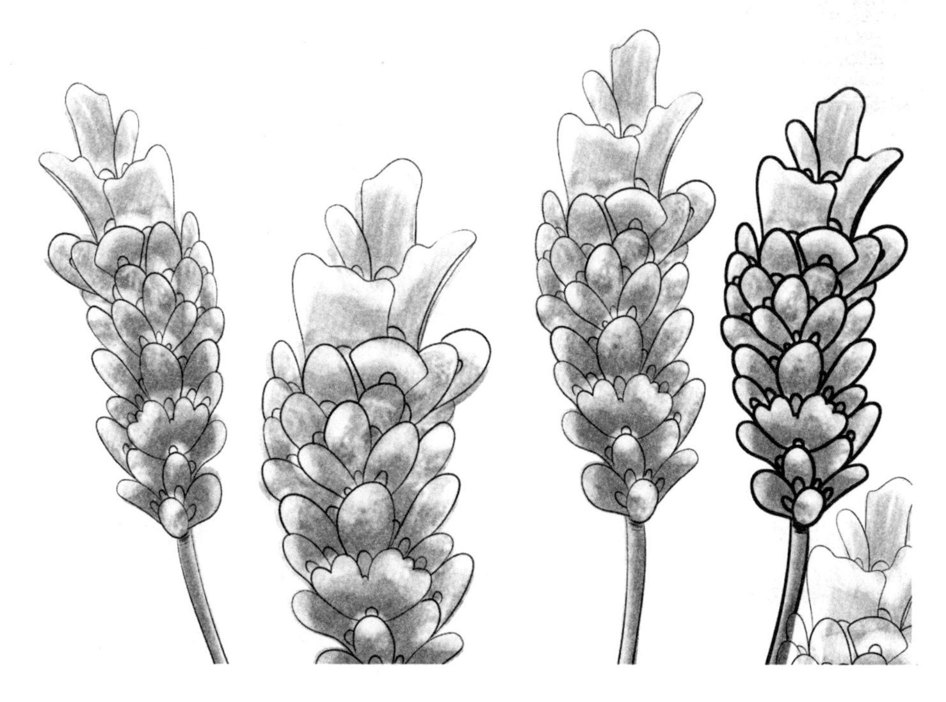

妈妈回答说："是薰衣草精油。"

佳佳知道，在家里的衣柜中放了不少的薰衣草，是用来驱虫、添香的，可是她不知道薰衣草原来还可以用在伤口上。

她问："薰衣草精油涂抹在伤口上，有什么作用？"

妈妈回答说："薰衣草的茎和叶都有很好的药用价值，可以健胃、发汗、止痛，对治疗伤风感冒、腹痛和湿疹有很好的效果。"

薰衣草虽然称为草，实际上是一种长着紫蓝色小花朵的植物，有着清新的香气，是医学界公认的最具有镇静、舒缓、催眠作用的植物。它具有舒缓紧张情绪、镇定心神，平心静气的作用，还能够减少伤口的疤痕。

除此之外，薰衣草在食用方面还有很高的价值，薰衣草本身能够冲泡成茶饮，具有健胃的功效，另外在烹饪的过程中，如果将薰衣草和料酒、香醋掺杂在一起，能够增添芳香。尤其是以薰衣草调制成的酱汁更是极品美味，据说英国女王伊丽莎白一世便对这种调料非常有好感。

在美容方面，薰衣草也有很不错的效果。居家生活中，如果用放了新鲜的薰衣草的热水来洗脸，能够达到清洁皮肤的功效。在洗浴时在热水中放入干燥的薰衣草，能够迅速温暖身体并帮助提高睡眠质量。如果制作成香包，可放在橱柜内熏香且能够驱虫，代替樟脑丸，且没有任何毒性。

下面将薰衣草的功效罗列出来，供读者们借鉴：

1.治疗头痛、失眠、伤口、杀菌、灼伤、关节痛、心跳、疤痕、呼吸系统的原料药。

2.治疗暗疮、烧伤、蚊叮虫咬、牛皮癣、湿疹的原料药。

3.治疗调节荷尔蒙系统，生理期前后月经痛、关节痛、忧郁症、消化不良、减肥美体的原料药。

4.治疗初期感冒、咳嗽；促进毛细血管的血液循环，平稳血压的原料药。

5.治疗中枢神经、疏解焦虑、改善失眠等神经系统问题的原料药。

6.保养身体、放松身心、抚慰心灵，镇静安神。

节选自《医药百科知识》。

听完妈妈的讲述，佳佳说："原来薰衣草有这么多的作用呢，看来我划破的手指借助薰衣草，很快就能够康复了。"

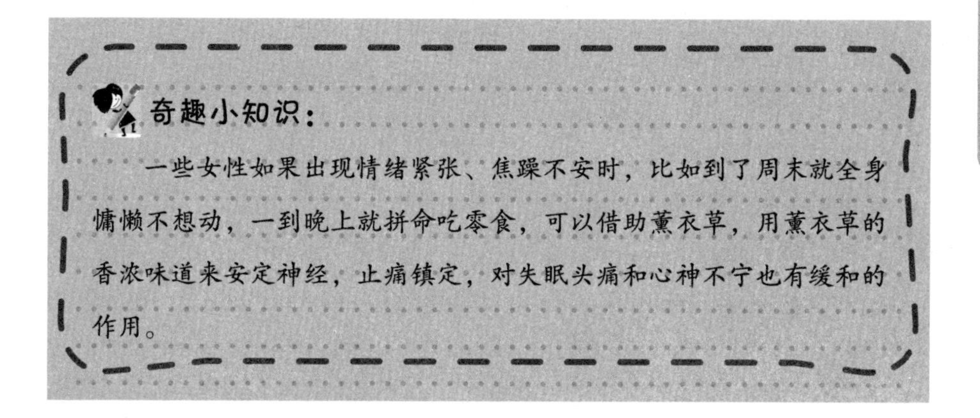

奇趣小知识：

一些女性如果出现情绪紧张、焦躁不安时，比如到了周末就全身慵懒不想动，一到晚上就拼命吃零食，可以借助薰衣草，用薰衣草的香浓味道来安定神经，止痛镇定，对失眠头痛和心神不宁也有缓和的作用。

胃口大开——抓只昆虫尝尝鲜

这天，佳佳在看《少年儿童百科全书》，看得津津有味。这个时候，爸爸在一旁问：“佳佳，植物会吃虫子吗？”

佳佳不假思索地说：“不会！只有虫子吃植物，没有植物吃虫子。”

话音刚落，爸爸就咯咯地笑了。

“不只是虫子能够吃植物，植物也能够吃虫子的。”

佳佳摇摇头，说：“植物连动都动不了，又怎么能够吃到虫子呢？”

爸爸说：“如果你不相信的话，咱们去你姑姑家看看，你就知道了。”

到了姑姑家，刚进门，佳佳就对姑姑说：“姑姑，我爸爸说你们家的植物能吃虫子，我想看看是不是真的。”

姑姑指着院子里的一棵植物，对佳佳说：“你认真地看吧，你爸爸说的吃虫子的植物就在这里。”

佳佳走近看了看，只见那棵植物叶子的卷须一端长着一个个扩大并反卷成瓶状的东西，从外表看像一个个“小瓶子”，“瓶子”上面还有一个盖子，盖子下面的“瓶子”里分泌着一层蜜汁，散发着淡淡的清香味。正在这时，飞过来一只绿头苍蝇，它似乎是被这股清香味吸引过来的。苍蝇在“瓶口”周围飞了几圈之后，停在“瓶口”上，准备享用这散发出清香的美味。

停落在“瓶口”上面之后，它轻轻地扇动了几下翅膀，小心翼翼地试探了几下，便迫不及待地享用起“可口”的美食。

佳佳认真地盯着这只苍蝇，姑姑说："这朵花接下来就要吃苍蝇了。"

正当这只苍蝇享用可口的美食的时候，冷不防地滑了进去，一头栽进了花朵的"小瓶子"里面，苍蝇使劲挣扎了一番后，便不能动弹了。这个时候，"瓶子"渐渐合拢了，绿头苍蝇被关在"瓶子"里，慢慢地被这棵植物吃掉了。

看到了这一切，佳佳瞪大了眼睛，说："我终于知道了，原来它散发的清香是引诱苍蝇的。"

后来，佳佳查找了资料，知道这种植物叫"猪笼草"，"瓶盖"能分泌出香味，引诱昆虫。而"瓶口"异常光滑，昆虫会被滑落瓶内，被"瓶底"分泌的液体淹死，并分解昆虫，逐渐消化吸收。这就是猪笼草"吃"苍蝇的奥秘。

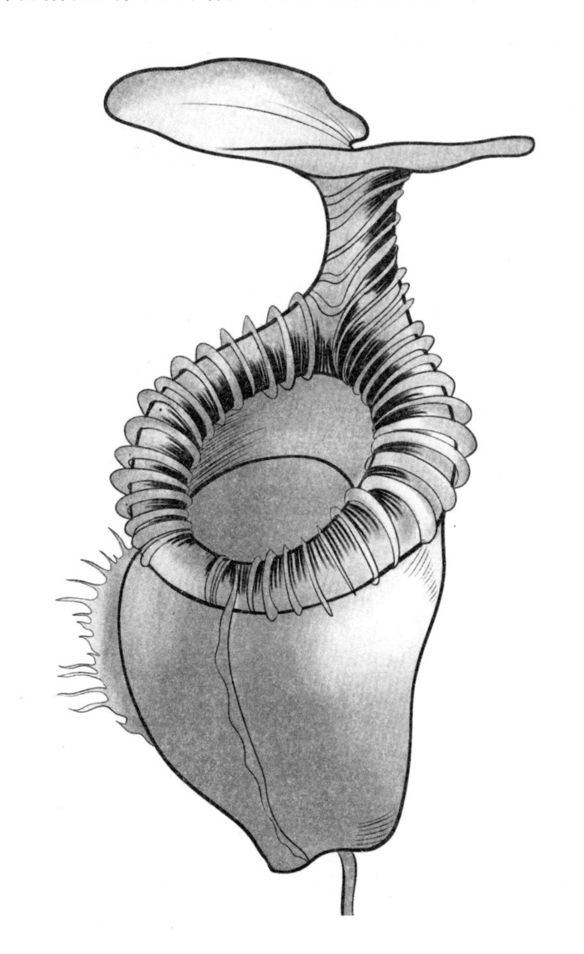

了解了这一切之后，佳佳将自己发现的东西认真地记在笔记本上，她在笔记本上写道：一定要好好学习知识，了解更多关于猪笼草的知识，以后为人类消灭苍蝇作贡献。

在姑姑家玩了两天后，她依依不舍地回了家。临走前，她还专门走到猪笼草跟前跟它合影，她要将这件事告诉更多的同学，让同学们也知道这种神奇的植物。

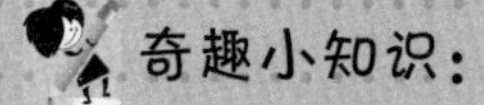
奇趣小知识：

植物界中，除了猪笼草之外，还有很多植物具有这一功能，捕蝇草就是其中之一，它不仅能够捕食昆虫，还适合观赏，专做栽植槽培养。

第二章　植物世界小知识解密

名正言顺——起个好听的名字

一个偶然的机会，佳佳在一本课外书中看到这样一个小故事。

有一个书生，出了一副上联：鸡冠花，找人对下联。一时之间，很多书生都想不出合适的下联。这个时候，一个放牛娃从旁边走过，看到这个上联之后，大声说："我能对出来。"很多人都嘲笑他，"你一个放牛娃，又没有什么学问，怎么能够对出来呢？"

放牛娃不慌不忙地说："下联是'狗尾草'。"

大家认真地分析之后，都觉得对得非常工整：狗尾草就是一种草的名字，鸡冠花就是一种花的名字。鸡对狗，冠对尾，草对花，个个对得犀利。

佳佳看完这个故事，问："这些植物的名字都是怎么取的呢？"

爸爸回答说："其实，有很多种方法，现在我一一来告诉你。"

以植物的俗名来说，这是人们在现实生活中对植物比较通俗的称呼，天长日久就成为植物最常用的名字，尤其是一些广布种植的植物。植物的俗名对大多数人来说，是被广为知道和熟悉的名字，也是最容易用来交流的名字。另外，它通常简单易记，是用一些通俗的词汇表达或是对该植物特征的明显描述。例如：金银花、酸枣、白皮松等这些名字，一定会让你很快想起植物很好辨认的外形和特征。

一般而言，为植物取名主要有以下几种方式：

一、以植物的直观形态，例如颜色、特征来命名；

如，银杏，因为其形状小而核的颜色是白色而取名；翻白草，因为叶子反过来是白色而命名；悬钩子，因为茎上的刺就像悬钩一样，故因此得名。

二、以植物的味道来命名；

如，五味子，因为它的皮、肉、核加起来共有酸、甜、苦、辣、咸五种味道，故因此得名。鱼腥草，因为它的叶子有淡淡的鱼腥味，故因此得名；苦瓜，因为它的味道比较苦，外形像瓜，故因此得名；夜来香，顾名思义，夜间散发极浓的香气。

三、以植物的生存环境来命名；

如，水仙花，适合在潮湿低洼的地方生长；河柳，生长在河边的潮湿处，故得名；井口边草，适合在墙边，井边阴湿处生存。

四、以其外形和一些动物的特性相比较来命名；

如，马尾松，形状看起来像马尾；蝴蝶花，从外形看起来很像蝴蝶。

五、以植物生长季节和规律来命名；

如，半夏，这种植物多半是五月半夏开始生长，因为此时正是夏季的中间时间，故由此得名；夏枯草，这种植物夏至后就会枯萎，故得名。

六、伴随着一些典故和传说而命名。

如，虞美人，这是楚汉时的典故，相传楚汉相争之时，项羽的爱妻虞姬自刎而死，在她的坟头上长出一种美丽的花草，人们传说是虞姬所化，故名虞美人。还有一种植物叫无患子，据传说，当初有一个神仙叫瑶蚝，能用符捉百鬼，捉到鬼，就用无患子木做成武器，用棒杀死它，世人传说用这种树木做成器物，可以用来镇压鬼魅，故叫无患。

其实，植物取名的方式多种多样，只要你认真揣摩，就能够从这些植物的名称中发现植物或者生长这种植物的地方的一些特征。

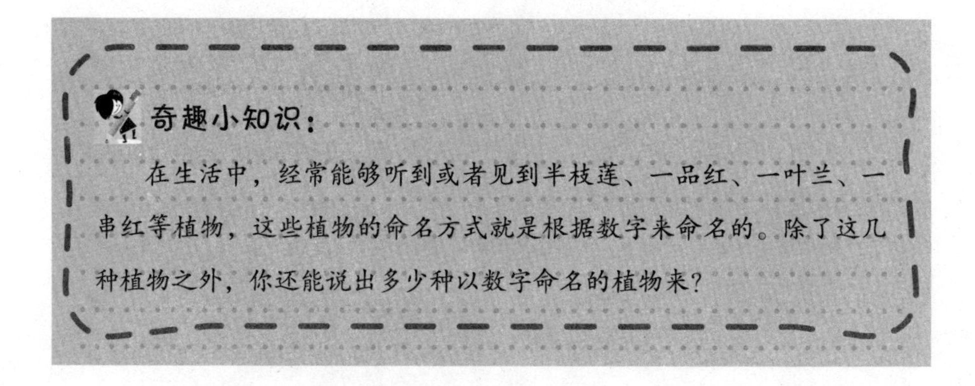
奇趣小知识：

在生活中，经常能够听到或者见到半枝莲、一品红、一叶兰、一串红等植物，这些植物的命名方式就是根据数字来命名的。除了这几种植物之外，你还能说出多少种以数字命名的植物来？

肚子饿了——植物吃什么

吃过晚饭之后，佳佳陪爸爸妈妈到小区里散步，经过小区花圃的时候，看到里面的小树苗长得更高了。佳佳突发奇想，问：“妈妈，我每天要吃很多食物才能长大，那小树苗每天都吃些什么食物呢？”

妈妈回答说：“其实，植物的成长和我们人类一样，需要吸收各种营养成分。”

佳佳问：“可是小树苗根本没有嘴巴，怎么去得到这些营养呢？”

妈妈回答说：“小树苗是通过自己的根从土壤中吸取各种营养，来满足自己的需求。”

在植物界中，植物的成长与人类一样，要实现健康的成长需要吸取成长所需要的各种营养和水分。植物依靠自己的根部从土壤中吸取碳、氢、氧、氮、磷、钾、钙、镁、硫、锌、铁、锰等十多种元素及微量元素，其中有些植物还能够通过各种复杂的反应，自己制造自身所需要的营养又美味的“食物”。

人类的身体能够将食物中的残渣及废弃物通过排便排出体外，而植物呢？植物通过光合作用，利用阳光的照射将从根部吸收来的无机盐、水和空气中的二氧化碳通过光合作用转化成葡萄糖、纤维素和淀粉等自身成长所需要的物质，还能放出大量的氧气，帮助人类净化空气。这里，排出的氧气就类似于人类排出的粪便。

佳佳说：“原来一棵小树苗的成长竟然隐藏着这么多的奥秘。”

妈妈说："是的，我们身边的花草树木都是我们的朋友，是大自然对我们人类的恩赐，我们一定要保护好它们。"

佳佳点点头。

过了几天之后，妈妈送给佳佳一件特殊的礼物，是一粒兰花种子。佳佳非常高兴，和妈妈一起将这粒种子种在花盆里，而且给它浇了一点水。每天，佳佳都认真地观察它。

这天早晨，佳佳给种子浇水时，发现种子已经发芽了。佳佳非常高兴，认真地给它浇水，并给它施了肥。又过了几天，她发现嫩芽已经长大了。

两个月之后，原来那粒小小的种子已经开出特别好看的花朵。佳佳认真地记录着兰花成长的每一天，并学到了很多新的知识。

奇趣小知识：

我们呼吸的氧气主要来源于植物的光合作用，光合作用指的是绿色植物通过叶绿体，利用光能，把二氧化碳和水转化成储存着能量的有机物，并且释放出氧的过程。我们每时每刻都在吸入光合作用释放的氧，因此，人类要保护植物，保护我们赖以生存的环境。

氧气老板——生产氧气的大工厂

佳佳看到报道上说十多名游客在西藏旅游的时候被困，因为携带氧气不足导致休克的消息。

佳佳问："妈妈，休克是什么意思？"

妈妈回答说："休克是指有效血液循环量不足的一种情况，造成组织与器官血液灌注不足，导致组织缺氧而坏死，如不适时急救治疗将导致死亡。"

佳佳继续问："氧气是什么？"

氧气是空气的组成部分之一，是一种无色、无臭、无味的气体，化学符号为O_2。现在你吸一口气，吸进嘴里的，就有部分的氧气。氧气比空气重，在标准状况下密度为1.429克/升，能溶于水，但溶解度很小。

任何一个人，不吃东西都能够生存46天左右，不喝水能够存活一周左右，但如果不呼吸，只能够生存几分钟。

对于人类来说，氧气则成为人类需求的核心。很多人都喜欢呼吸新鲜的空气，那是因为新鲜的空气中富含氧，正是空气中的氧气为我们的生命提供了保障。

如果缺氧，会引起能量的供应不足，进而影响人体细胞内外电解质的平衡和人体内部酸碱度的平衡，通常表现为憋气、胸闷、心悸、眩晕等症状。

持续的慢性缺氧会导致心脏体积增大，心肌增厚，造成心肌供血不足，容易引发心力衰竭。缺氧会使肺血管收缩，引起肺心病。

上面所讲的那些旅游者休克就是因为氧气不足造成的，在西藏海拔几千米的地方，氧气稀薄，普通人到达那里之后会因为呼吸困难而休克，需要特别的吸氧装备。

缺氧的持续时间和缺氧后果的严重程度有很大的关系，因此及时纠正缺氧可以大大减少对器官组织的损伤，机体可迅速恢复，缺氧如果长期得不到纠正，将使缺氧敏感细胞难以恢复，机体的其他器官也会产生病变。如果没有氧气，一切代谢活动就会马上停止，细胞得不到营养，很快就会死亡，各个器官得不到营养，也会快速衰竭。

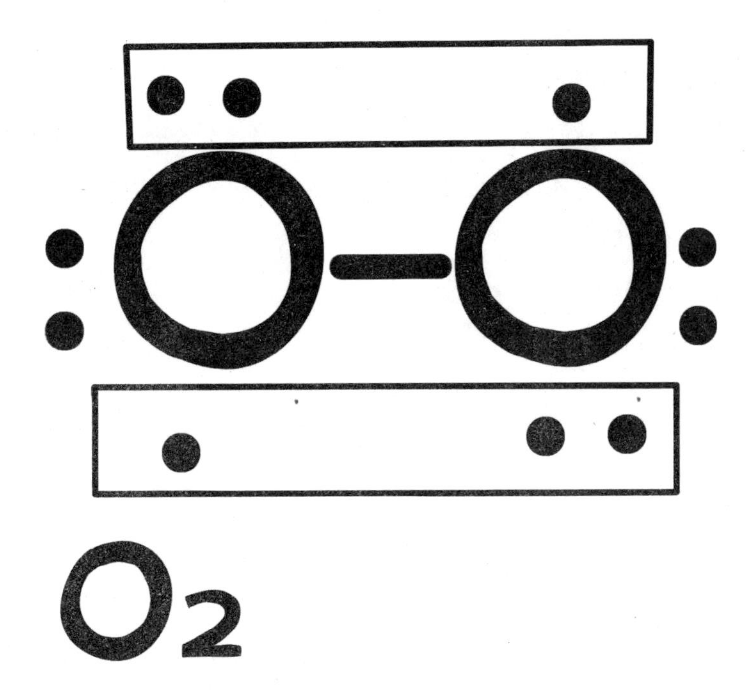

不仅仅是人类，在冶炼工业、化学工业、国防工业等方面，氧气的作用同样不可或缺。

在冶炼方面，如果没有高纯度的氧气，就无法进行钢的生产，在有色金属冶炼中，借助氧气可以缩短冶炼时间提高产量。

在化学工业方面，氧气主要用于原料气的氧化，例如，重油的高温裂化，以及煤粉的气化等，以强化工艺过程，提高化肥产量。

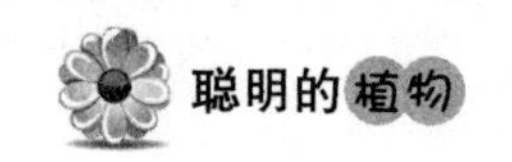

在国防工业方面，液氧是现代火箭最好的助燃剂，在超音速飞机中也需要液氧做氧化剂，可燃物质浸渍液氧后具有强烈的爆炸性，可制作液氧炸药。

那这些氧气是怎么来的呢?

这些氧气主要来源于平时安静地站在我们身边的植物，植物通过光合作用，利用光能，把二氧化碳和水转化成储存着能量的有机物，并且释放出氧。我们每时每刻都在吸入光合作用释放的氧，因此，人类要保护植物，保护我们赖以生存的环境。

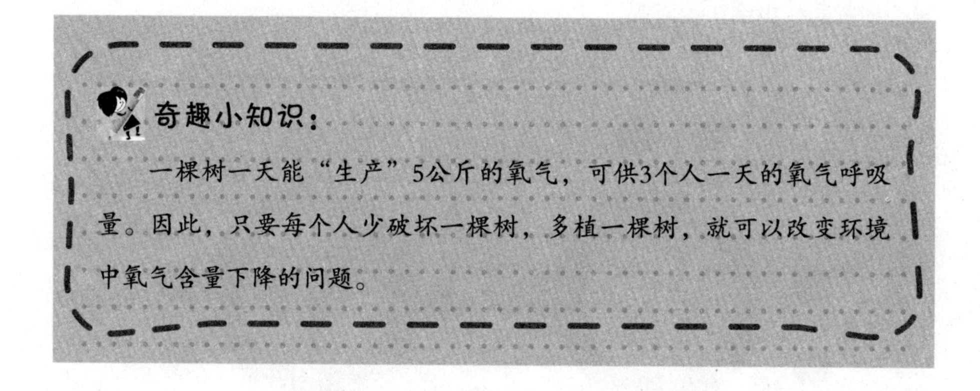

奇趣小知识：

一棵树一天能“生产”5公斤的氧气，可供3个人一天的氧气呼吸量。因此，只要每个人少破坏一棵树，多植一棵树，就可以改变环境中氧气含量下降的问题。

几岁了——掰掰指头数年龄

佳佳住的小区种植了很多闽南地区特有的大树，郁郁葱葱的，小区里很多人在休息的时候，都喜欢到大树下乘凉。

这天，佳佳陪着爸爸妈妈散步的时候，突发奇想，问："这些大树现在多大年龄了？"

爸爸想了想，说："起码有十年了吧？"

妈妈回答说："其实，想知道大树的准确年龄，非常简单。"

佳佳问："怎么能够知道？"

妈妈说："看大树的年轮就知道了。小区里前不久刚砍掉了一批树，我们去数一数大树的年轮吧。"

佳佳问："年轮是什么？"

年轮，主要是指树木在一年的时间内生长所产生的一个层，它出现在横断面上，像一个轮一样，建立在过去产生的同样的一些轮的基础上。

这些年轮是记录树木度过多少个春夏秋冬的印迹，例如，我们将一棵大树的树身锯断，在横断面上就能够看到树的年轮。一般来说，一圈就代表一年，数数有多少圈子，就可以知道这棵大树的年龄了。

走到树桩面前，佳佳认真地数了数，"这棵大树已经有13年了，它比我的年龄还要大。"

佳佳看了看，问："为什么这些年轮有的宽，有的窄，有的疏，有的密

呢？怎么还不一样？”

其实，年轮并不是只能够反映大树的年龄，还能够反映出大树成长过程中的气候变化，如果气候暖和，大树成长得比较快，年轮则会宽疏均匀。如果气候持续高温，年轮就会特别宽疏。相反，如果气候寒冷，大树的成长则会比较慢，年轮则会狭窄不均。如果气候特别寒冷，年轮会更为窄密。

也就是说，通过对年轮的分析，可以获得十几年甚至几十年、上百年的气候变化规律。同时，依据它的变化可以预测未来气候的变化，作长期的气候预报。

例如，中国的植物学家通过对中国西部高原的树木年轮的分析，得出在本世纪中国西部地区曾经有过两次较大的温度变化，两次较大的降雨过程，以后又显著下降，目前又稍有增加的情况。通过对年轮的分析，得出了西部地区气候变化的规律和变化周期，也就是大约200年为一周期，110年、92年、72年、33年为不等的小周期变化。

年轮除了能够记录气候的变化情况外，还能够记录大气污染的状况。当大气受到污染时，年轮就会予以记录，例如在开采各种贵重金属矿产时，在大气中就飞扬着这种金属的微粒，被树叶吸收了，落到土壤中也被树根吸收了。

有的金属冶炼厂或加工厂附近的大气中，飞扬着它们产生的金属微粒，被周围树木吸收了。这些金属微粒被树吸进去是跑不掉的，它被输送到年轮里积累起来。

对于年轮中的这些东西，现代技术通过光谱分析，可以准确地预测出年轮里历年积累下来的重金属的含量，从而对大气污染的程度进行预测，由此可以得出该矿厂对大气污染的程度。还有，当硫化氢、氟化氢等有毒气体污染大气时，被松树、杨树、夹竹桃吸收，也会在年轮上很快留下被腐蚀的烙印。根据烙印，人们可以测知空气污染程度。

了解了这些知识之后，佳佳瞪大了眼睛，说："原来年轮中居然有这么丰富的知识，看来必须得好好学习。"

奇趣小知识：

其实，在大自然中，除了植物之外，动物身体中也存在年轮，例如，乌龟的年轮在背上的甲片上，环数有多少，就是多少岁。一些家养的牲畜，如牛、马等，它们的年轮反映在牙齿上，有饲养牛马经验的人，看几眼牛马的牙口，就能迅速而准确地说出牛马的岁数。

防御战争——植物的自我保护

在路边玩耍时，佳佳看到了一棵皂荚树上结了很多的皂荚，她在书中看到过，皂荚果是非常好的天然洗涤原料，而且种子还有开胃的功效。她便爬到树上，准备采摘一些，带回家里。

在采摘的过程中，她的手被树枝上的刺扎了一下，特别疼，让她不得不放弃了采摘。

回到家里，她问："妈妈，皂荚树上面，为什么会长那么多刺呢？"

妈妈回答说："这是植物为了自我保护。"

佳佳说："植物还能够进行自我保护？"

妈妈点点头。

在大自然中，人们很早就知道，许多动物会利用各种手段保护自己，例如，有些动物会将自己的肤色变得和周围的环境一样，使用"障眼法"不让天敌发觉；有些动物依靠身上密密麻麻的刺，让天敌望而却步。近年来，植物学家发现，很多植物同样也具备自我保护的本领，现在我们就来一一地领教一下。

一、浑身长刺。植物没有腿，无法移动，难免会受到动物或其他物种的伤害。有些植物，为了免受其他物种的伤害，在长期进化过程中，茎、叶上长满了刺，这些刺的存在，无形中形成了一道屏障，使动物无从下口，无处落脚，甚至远远看到就会走开，同时也可以排挤其他植物，从而使自身更好地生长。

例如，生活中常见的玫瑰、皂荚、枸杞等植物，这些植物就少有动物或其他植物侵害，它们就是利用“刺”来达到保护自己的目的。

二、抢占地盘。植物的生长离不开土地，因此，为达到自我保护的目的，植物也会设法占据更多的面积。有些植物在长期进化的过程中，会利用地下根系强劲的繁殖能力，一旦在某一个地方落下脚，便会以最快的速度向四周蔓延。短短的几年时间，便发展成一大片，人为地排挤其他植物种群，使自己更好地生长。例如，芦苇、蓬蒿等，就是用这种方法扩大自己的地盘，增加生命力的。

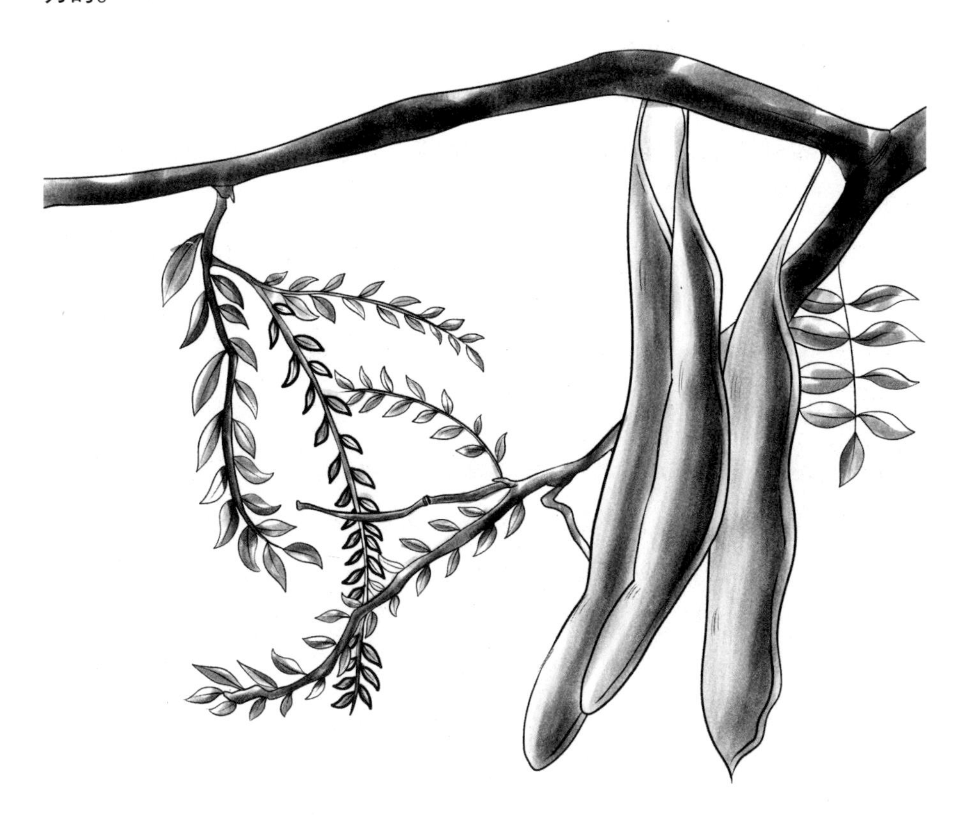

三、特殊气味。如果你仔细观察，会发现有一些植物，比如荆条、番茄等，它们在生长过程中会散发出一种特殊的气味。这种气味能够有效地阻止动物或者其他一些具有攻击性的种群侵害它们，或者能够阻止某些植物在它们周围生长，有利于自己的成长，从而达到自我保护的目的。

四、改变规律。有些植物为了避免被人类、自然所消灭，在长期进化的过程中，逐步改变了生长规律，例如提前或推后进行正常的生长行为，例如稗草，尽管它与大麦、水稻有许多类同的属性，但为了免受人类对它的侵害，往往比大麦、水稻提前成熟，留下种子。沙漠中的有些“短命”植物则会在一年中的适宜时节匆匆地走完一生，这样的自我保护，保持了这些物种的延续性。

五、争夺阳光。我们知道，植物的成长离不开光合作用，这决定了植物的成长需要阳光，能否得到足够的阳光，影响着植物的生长。在植物成长的过程中，为了得到更多的阳光，在长期进化的过程中，枝叶逐渐长大，且向更高处延伸，这些都是为了争夺阳光。例如，南瓜、葡萄等攀缘类植物，都是为了争夺阳光，有利于自己的成长。

听完妈妈的讲述，佳佳说：“怪不得皂荚会伤害到我的手，原来是在自我保护啊。”

妈妈点点头：“你以后要小心一点，植物虽然不会动，但非常不简单。”

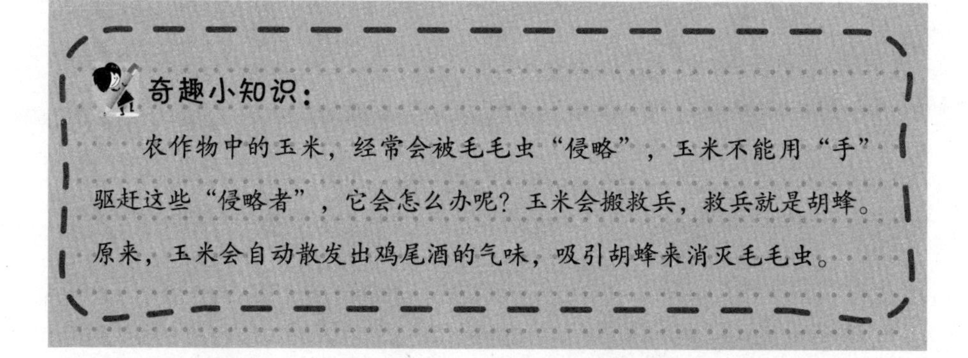

奇趣小知识：

农作物中的玉米，经常会被毛毛虫“侵略”，玉米不能用“手”驱赶这些“侵略者”，它会怎么办呢？玉米会搬救兵，救兵就是胡蜂。原来，玉米会自动散发出鸡尾酒的气味，吸引胡蜂来消灭毛毛虫。

形状各异——形状不同的各种叶子

佳佳将收集来的叶子做成标本，要在课堂上向全班的同学展示。当她做好一切准备，即将拿上标本去学校时，爸爸问了一个问题，把佳佳问住了。

爸爸问："佳佳，你知道叶子为什么会有不同的形状吗？"

佳佳回答说："因为是不同的树长出的叶子，当然不同了。"

爸爸摇摇头，说："这个答案并不能说服我。你最好查查资料，再回答我。"

佳佳想了想，觉得有道理，她打开电脑，开始寻找问题的答案。

聪明的小朋友，你能够解答这个问题吗?

要解决这个问题，首先要明白植物叶子的组成。一般而言，植物的叶子是进行光合作用的场合，是孕育生命最原始的场所。尽管各种植物的叶子形态各不相同，多种多样，但它们的组成部分是相同的，都是由叶片、叶柄和托叶构成的。一般而言，大部分的植物叶子都完整含有叶片、叶柄和托叶这三部分。

和人的相貌各不相同一样，植物的叶子也存在各种各样的形状，比如，手掌形、鱼鳞形、菱形、圆形、扇形、五角形等。世界上找不出两片完全相同的叶子。叶子不光形状不同，各种形状的边缘也不同，叶子的边缘称为叶裂。我国古代的发明家鲁班，就是受齿状叶裂的启发，发明了锯。

这些叶子的形状，主要是由植物的遗传基因决定的。当然，这些决定不同形状的基因也是植物在进化过程中经过自然选择而保存下来的，目的就是使植物能够适应不同的环境条件。

例如，我们常见的松树，它的叶子是针形的，这是因为松树表皮以内由几层厚壁细胞组成，气孔深入在表皮层下的厚壁组织中。叶肉组织细胞的壁内形成突起，深入到细胞腔内，叶绿素沿深入的突起表面分布，这样增大了叶绿体的分布面积，也扩展了光合作用的面积。保持叶绿素不解体，保持绿色，且不落叶。

再比如，在东北地区生长的人参，因为它是喜阴的植物，这决定了它一定不会生有很大的叶子，因为它的光合作用不很强。而生长在热带的植物，因为雨水比较大，阳光比较强，水分蒸发很厉害，需要很大的叶子去进行蒸腾作用。

同样的，植物的叶子还会因为环境的不同发生变异。如生长在水中的金莲花和生长在旱地里的金莲花的叶子就明显不同。生长在沙漠中的仙人掌植物，为了保存体内的水分，节制蒸腾作用，它们的叶子退化成了细小的针状叶。

明白了植物的叶子各不相同的原因之后，佳佳对自己的展示又增加了一分信心。

奇趣小知识：

枫树的叶子长得像人的手掌一样，而且在秋天的时候会变成红色，这是因为枫叶中除了有绿色素外，还有红色素、黄色素等许多色素，只是数量很少而已。到了秋天，绿色素慢慢褪去，红色素、黄色素便露了出来，使树林变得一片金黄或一片火红，十分好看。

春暖花开——为什么在春天里生长

今天，佳佳给爸爸妈妈上了一课，这当然多亏佳佳平时喜欢阅读课外书以及上网查找资料。

这天，老师给同学们布置了一项作业：植物为什么春天发芽、开花。

佳佳原本以为这个问题的答案很简单：春天到了，温度上升了，所以植物就发芽、开花了。通过查找资料，才发现答案并没有那么简单。

当了解了问题的答案之后，她故意问爸爸："爸爸，你知道大多数的植物为什么在春天里发芽、开花吗？"

爸爸说："春天的时候，温度上升了，植物就会发芽、开花了。"

佳佳摇摇头，说："不对，问题根本没有那么简单。"

接下来，佳佳将从网上查的资料全部讲给爸爸听。

植物学家通过深入研究之后，找到了植物在经过寒冷的冬天之后，在春天发芽、开花的理由。原来，在植物中有一种蛋白质会对光线作出条件性的反应，引发一系列的活动，从而开启植物的生长之门。

在此前的研究中，植物学家发现了一种名为"CONSTANS"的蛋白质，这种物质操控着植物的生长过程，它对白天的长短非常敏感。然而，在最新的研究中，植物学家发现了第二种蛋白质FKF1，它会对CONSTANS的活动加以控制，同时掌握植物发芽、开花的时间。

这种物质在冬季漫长黑暗的日子里，像个忙碌的工人一样，检测大气中春天的气息。如果它检测到白昼的时间长度达到一定的程度时，会发出指令，命令植物采取下一步的行动。

而这种检测白昼时间长短的物质，对光线非常敏感，会在一天中温度最高的时间段，也就是下午两点左右，破坏更多的CDF1，从而在开花的关键期对CONSTANS加以限制。

植物学家发现，在白天短、夜间长的冬季，CDF1这种物质被破坏得非常少，而随着温度的升高，随着白天的日照时间越来越长，CDF1被破坏得越多，导致CONSTANS这种物质的分裂速度越来越快，从而促使植物发出大量新芽。

当然，具体的原因还没有完全调查清楚，相信随着科技的进步，答案一定会更加完善。

佳佳讲完后，爸爸说："原来这里面还有这么多的文章呢，看来我以后也要好好学习了。这样才不会落伍。"

在爸爸的帮助下，佳佳将这些资料整理起来，准备在下次上课的时候交给老师。

奇趣小知识：

大部分的植物是在春天发芽、开花的，但有些植物却是在寒冷的冬天发芽的，比如迎春花。顾名思义，它的出现是为了迎接春天的到来，它在百花之中开花最早，与梅花、水仙和山茶花统称为“雪中四友”。

顽皮的孩子——越冷越脱衣服

佳佳和爸爸玩脑筋急转弯，爸爸问："天气越冷，小华为什么越脱衣服？"

佳佳想了想，回答说："我不知道。"

聪明的小朋友，你知道问题的答案吗？

面对佳佳的追问，爸爸开始耐心地给佳佳作讲解。

小华其实是一棵树的名字，冬天到来的时候，要脱衣服，而且越冷脱得越多。

在我们的常识中，冬天越冷越应该穿衣服，可很多植物却恰恰相反，天气越冷，它们反而会脱衣服，直到把树叶都"脱光"了为止。

这是为什么呢？难道植物不怕冷吗？

从很早开始，植物学家就认真研究，初步认为植物之所以会落叶，和人类的衰老是同样的道理。但这种说法并不能说明所有的问题。

随着科技的发展，对植物落叶的问题的研究也逐步深入。通过研究发现，在树叶脱落的过程中，叶子中蛋白质含量显著下降，导致叶片的光合作用能力降低。通过在电子显微镜下观察，叶子在衰老时叶绿体被破坏。这些叶片的变化过程就是衰老的基础，叶片衰老的最终结果就是落叶。

当然，你可能会问，为什么很多植物的落叶都发生在秋天，而不是夏天或者春天呢？

这是因为影响植物落叶的条件是阳光的照射程度而不是温度。例如，如果我们用心观察，会发现秋天的时候，一些靠近路灯的大树，树叶的脱落速度明

显低于远离路灯的大树，而且靠近路灯的树上的树叶，总是最后才掉下来。

植物学家经过研究发现，增加植物的光照时间可以延缓树叶的脱落，也就是说，秋天来临的时候，日照时间开始变短，树叶就会开始变黄直至脱落。

植物学家经过深入研究，终于找到了能够控制树叶脱落的化学物质。这种化学物质的名称叫脱落酸，脱落酸能够明显地促进落叶。也就是说，当不希望树叶脱落时，只需要采取一些科学的手段降低脱落酸的含量，而增加赤霉素的含量，就可以实现其目的。当然，如果希望树叶尽快脱落，只需要采取科学的手段，增加脱落酸的含量，目的也就达到了。

佳佳听完了爸爸的讲述之后，高兴地说："我又学到了新知识。"

奇趣小知识：

一直以来，人们都有个错误的认识，认为松树、柏树不落叶。其实，它们并非不落叶，只是不像其他树种那样集中在秋季落叶，它们在四季都有落叶，但同时它们也会再长新叶，并且叶子的寿命比其他树种稍长，由此使人们产生了"松树不落叶"的错误认识。

第三章　世界各地的奇异植物

米老鼠的兄弟——植物界中的米老鼠

佳佳一直对米老鼠这个卡通形象情有独钟，喜欢收集各种各样的卡通米老鼠。在不久前，她又通过查阅资料，认识了新的“米老鼠”。

在课堂上，老师介绍说：“在我国南部地区，有一种非常漂亮的植物，开花结果时，花果长得非常像动物世界里非常受欢迎的米老鼠的脸……”

起初佳佳认为这是不可能的事情，怎么会有花长得像米老鼠的脸呢？后来，通过查阅资料和到植物园参观，她才认识到大自然中真是无奇不有。

聪明的小朋友，你认识植物中的“米老鼠”吗？现在我将详细地向你介绍一下。

俗称“米老鼠”的植物，在植物学中的名字叫桂叶黄梅，在我国主要分布在广东、广西、海南等亚热带地区。

顾名思义，通过“桂叶黄梅”这个名称，我们就可以大致描绘出它的长相：叶片像桂花的叶子一样厚厚的，椭圆形，而且叶的边缘还有锯齿。至于黄梅，开的花就与梅花神似了，五片花瓣，但颜色是黄色的。

当然，这种植物并不是刚一开花就像米老鼠的样子。恰恰相反，在开花阶段完全看不出米老鼠的样子，必须等到黄色的花瓣飘落之后才能看得出。

当花瓣下方的花萼及雄蕊逐渐变成红色之后，米老鼠的形象就基本出现了。可爱的红花与花萼和雄蕊相互组合起来，就是米老鼠的红色大脸以及脸上的胡须部分了。

桂叶黄梅除了外形和米老鼠比较接近可用来观赏之外，还有其他的作用，例如，“米老鼠”有着极强的耐寒性和旺盛的生命力，是护坡、岩石植物的好树种；它的花香非常芬芳，能够用来除臭等，也是良好的诱鸟植物。

近年来，随着人们生活水平的提高，很多家庭开始栽培这种果实形状奇特、花朵可爱的植物，而且，这种植物一年四季花果不断，有着极强的观赏性。

聪明的小朋友们，如果有条件的话，可以请爸爸妈妈带着你一起到我国的湛江去实地观赏一下，“米老鼠树”可是当地有名的八景之一。如果你能够亲临植物园，亲眼见到“米老鼠的大耳朵”，一定会流连忘返、喜不自胜的。

了解了这些知识，佳佳已经和爸爸妈妈做好了计划，等下一年的暑假到来的时候，就要去湛江观赏可爱的“米老鼠”。

奇趣小知识：

在家中栽培“米老鼠”这种植物非常容易，对土质要求不高，只要排水良好的普通泥土均能成长。每年春季和夏季是生长旺盛期，要注意浇水，避免干旱。

号角家属——蚂蚁家族的根据地

暑假的时候，佳佳和爸爸妈妈到植物园逛了一圈，玩得非常痛快。这次的旅行，使佳佳认识到，大自然里蕴藏着千姿百态的植物，它们向人们展示着种种匪夷所思的生活环境。

这篇文章所介绍的，就是一种奇怪的植物的生存方式。

尽管佳佳没有去过巴西，却也在博物馆中看到一些在巴西的土地上生存着的树木，其中有一种树木的形状非常奇怪——树叶的形状看起来像蓖麻，树干看起来很像竹子。看到图片的介绍时，才知道这是世界上著名的“蚁栖树”。

顾名思义，提到蚁栖树这个名称，我们大概就可以猜测出这种植物是专供蚂蚁栖息的。你可能会觉得奇怪，世界上怎么会有这种树木呢？

说到这里，就不得不提当地特殊的环境了。在蚁栖树生长的自然环境中，生存着一种特殊的蚂蚁，这种蚂蚁专门喜欢啃噬树叶。这种蚂蚁繁殖速度很快，会对树木啃噬无度，短短的时间内就会将一棵树木的树叶啃噬精光，直至枯死。

然而在这种残酷的环境中，蚁栖树却能够安然无恙，四季常绿，生长得非常茂盛，喜欢啃噬树叶的蚂蚁却不敢伤害它。

这是因为在蚁栖树的周身同样生存着一种蚂蚁，这种蚂蚁并不啃噬树叶，反而因为占据生存的空间而间接地保护了蚁栖树。

仔细观察，你会发现在蚁栖树的树干上，存在着许许多多的小孔，这是生长在这棵树上的蚂蚁进进出出的大门，中空有节的树干，成为蚂蚁居住的理想家园。

蚁栖树的特殊构造不仅给蚂蚁创造了居所，还为它们提供了取之不尽、用之不竭的食物。原来，在蚁栖树叶柄基部，长着一丛细毛，其中生长着一个个的“肉球”，这些“肉球”是由蛋白质和脂肪构成的。

这些蚂蚁就以这些“肉球”为食物，旧的“肉球”吃完了，新的“肉球”又会长出来，取之不尽、用之不竭，这些“肉球”成了蚂蚁赖以生存的食物。

蚂蚁这种族群，对根据地的依赖性比较强，一旦遇到外敌入侵时，就会奋起反抗，甚至牺牲性命也在所不惜。因此，一旦啃噬树叶的其他蚂蚁靠近蚁栖树咬树叶的时候，生长在蚁栖树上的蚂蚁就会奋力抵抗，保护蚁栖树不受伤害。

大自然中，类似这种植物的奇怪的生存方式有很多很多，想了解这些知识的话，一定要好好学习。

奇趣小知识：

类似于蚁栖树与蚂蚁之间互相利用和依赖的现象，大自然中有很多。例如春暖花开时，植物的花朵常用醉人的香气与艳丽的色彩，引诱动物帮助传粉，而动物也能够获得自己所需要的花蜜。

石头开花——有生命的石头

佳佳看电视的时候，电视剧的主人公说了一句话："除非石头开花水倒流……"

佳佳觉得很有意思，就说："石头开花？这根本是不可能的事情。"

爸爸笑着说："你怎么知道不可能呢？"

佳佳说："石头硬邦邦的，怎么可能开花呢？"

爸爸回答说："其实，石头是会开花的。"

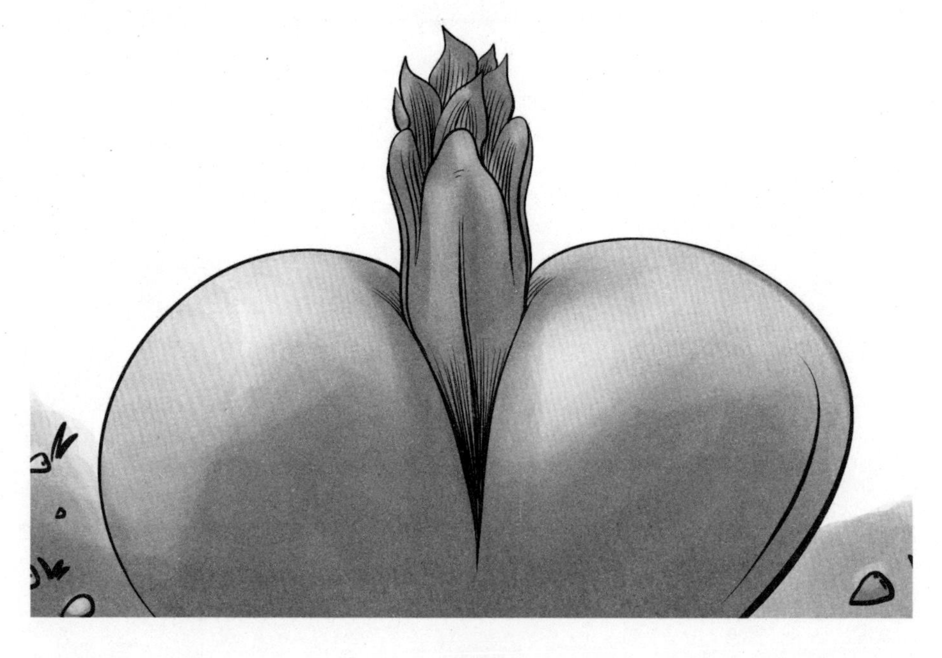

佳佳问："真的？"

聪明的小朋友，你认为石头会开花吗？

其实，大自然无奇不有，在非洲南部及纳米比亚等极度干旱少雨的沙漠砾石地带有一种植物石头，这种石头在当地被称为屁股花。从外形来看，屁股花与普通的小石头没有什么区别，这是为了防止当地小动物的伤害而形成的自我保护。

屁股花的茎很短，常常看不到，呈球状。根据不同的品种，其表面的色彩和花纹各不相同，外形很像一颗颗的小卵石。在秋季的时候，开大型的黄色或者白色的花，形状非常像小菊花。

屁股花的品种较多，各具特色。一般而言，四年生的屁股花，也就是生长四年的屁股花，在秋季从石头的中间缝隙中开出黄、白、粉等颜色各不相同的花朵。开花的时间多在下午，傍晚则闭合，次日午后一天中温度最高时又会开放，如此反复开放大约八天左右。开花的时候，花朵几乎将整个周身都盖住，观赏性极高。花谢后会结出非常细小的果实，这便是屁股花的种子。

屁股花的生长习性喜欢阳光，适宜生长的温度为22度左右。它的生长规律是三月到四月期间开始生长，在高温季节暂停生长，进入夏季休眠期，这个时候，从外观看，它与真实的石头并没有什么不同。在进入凉爽的秋天后，又继续生长并开花，花谢之后便进入过冬期。

屁股花的原产地在非洲南部，当地全年高温少雨，全年降雨量在260毫米以下，冬季的平均温度在10摄氏度左右，夏季为35摄氏度左右。在夏季的时候，屁股花进入休眠状态，球体渐渐埋入土中，仅留在地面表皮一部分，看上去像砂砾一样，这能很好地防止鸟兽的吞食。

当地的气候干旱，降雨量稀少，屁股花是如何存储水分的呢？

原来，为了适应当地的环境，屁股花由双子叶植物演进成多肉化的典型球叶植物，依靠皮层内贮水组织保存很少量的水分，且仅以此存活。其顶面称为"天窗"，里面含有叶绿素进行光合作用。

佳佳听完之后，感叹说："大自然真是神奇啊，什么样的生存方式都有。"

奇趣小知识：

屁股花有很高的观赏价值，但很多人都认为其生长缓慢，培植的人并不是很多。事实上，只要满足其生长的条件，“石头花”生长的速度并不缓慢。

文明青年——风度翩翩的绅士

妈妈到商场为爸爸购买了一套非常好看的西服，买完西服后，妈妈准备再去选购一条领带。在选购领带时，妈妈非常认真，反复进行色调的对比。

佳佳有点不耐烦了，问："妈妈，随便买一条领带不就好了吗，干吗那么费劲？"

妈妈说："你年龄还小，不懂这个。穿上西服时，再配上一条漂亮的领带，既美观大方，又给人典雅庄重的感觉。"

经过认真选择，妈妈总算选择了一条满意的领带，带着佳佳从商场回家了。

回去的路上，佳佳问："妈妈，世界上最好看的领带是什么样的？"

妈妈说："世界上最好看的领带是一棵植物戴的。"

佳佳疑惑地问："植物也会戴领带吗？"

其实，大自然中无奇不有，植物戴领带并不是什么稀奇的事情。在植物界中，最好看的领带当属于领带兰的。

从外形上，领带兰的叶片非常长而且呈现下垂状态，非常像绅士高雅的领带。更加令人叫绝的是，其圆形的假鳞茎就好像是领带上的领结，故取名为领带兰。

领带兰原产地位于印度尼西亚和新几内亚地区，当地常年高温多雨，甚至在冬季的时候，气温都高于15摄氏度。从整个外观看，领带兰的假鳞茎呈圆形，顶部生长着一片长长的叶子，长度可达1.2米，有10厘米左右宽，下垂，远远地看，就像系于人们颈部的领带。

除此之外，领带兰在夏、秋两季会从假鳞茎基部长出很多奇异的短花序，每个花序上有花15到30朵左右，绽放的时间大约为10天。花朵呈管状，非常密集，表面呈乳突，里面光滑呈鲜红色。这些花朵会释放出浓郁的带腐肉味的气息，会吸引大量的绿头苍蝇和腐尸甲虫，借以传粉。

近年来，随着人们生活水平的提高，种植花朵成为很多家庭的选择，领带兰因为其颇具观赏性逐渐走进很多家庭。

在2012年初，上海植物园内曾经出现三株领带兰同时开花的情况，在当时惊艳全场。事隔半年后，这几株领带兰再次开花，良好的长势，证明领带兰这种原产于非洲的植物同样适合在中国南部培植。

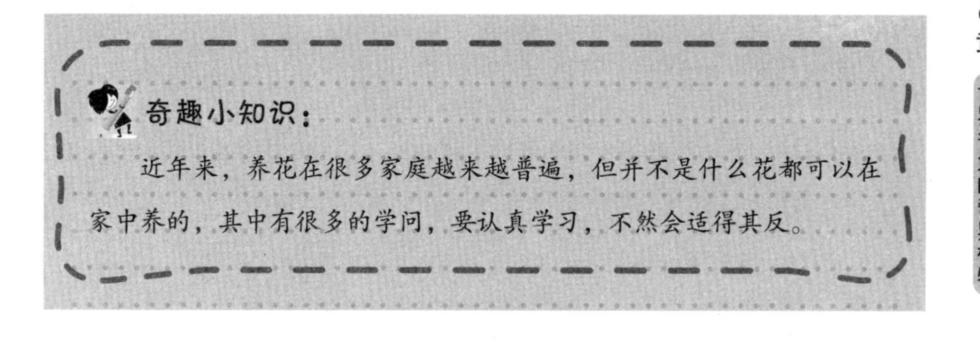

奇趣小知识：

近年来，养花在很多家庭越来越普遍，但并不是什么花都可以在家中养的，其中有很多的学问，要认真学习，不然会适得其反。

随风跳舞——植物界的舞蹈家

外面下起了大雨，佳佳趴在窗户上，看外面的景色。当看到小区里一排排的树木时，佳佳说："这些树会不会觉得很无聊？每天都是一个姿势站着，连动也不能动。"

妈妈说："这只是在我们人类眼中的感觉，植物界是很丰富的。"

佳佳问："有什么丰富的？"

妈妈回答说："植物并不是不会动的，相反，它们会运动，有的还会跳舞呢。"

佳佳大吃一惊，说："植物还会跳舞？怎么可能？"

聪明的小朋友，你相信世界上有会跳舞的植物吗?

其实，在植物界，植物会运动已经不是什么新鲜的事情了。例如含羞草，你只要用手轻轻地摸一下它的叶子或者茎，它就会像个害羞的孩子一样，立刻低下"头"。例如向日葵，它会像个淘气的孩子一样，整天追着太阳跑。除了含羞草与向日葵之外，还有一种植物，它的行为更加令人叹为观止，它的运动既不像含羞草那样遇到外界的触摸就低"头"，也不像向日葵那样喜欢追着太阳跑，而是随时都在热情地舞蹈，不管是不是开心。

这种植物就是跳舞草，在我国大陆地区，如广东、贵州、福建、云南、四川等地都可以见到，生长在海拔200米至1500米的丘陵山坡以及山沟灌丛中。

跳舞草的高度可达1.5米。茎一般呈单一状，每一个叶柄上长有3枚绿色的叶片，叶片的排列顺序非常像扑克中的“梅花”图案，非常均匀。跳舞草的跳舞动作主要是通过这些叶片来完成的。

在跳舞的时候，每一个叶柄上的叶片或做360度的大回环，或上下摆动。甚至在同一棵跳舞草上，叶片之间的舞蹈形式也不一样，有的小叶运动快，有的则慢，但非常有节奏。

例如，一会儿三片小叶同时向上合拢，接下来又慢慢地分开展平，看上去像漂亮的舞蝶在轻轻地扇动着双翅；一会儿一片小叶向上，另一片小叶向下，就好像是艺术体操中的动作造型；有的时候，许多小叶同时扇动，像是一个盛大的舞会，非常壮观。

跳舞草的跳舞行为几乎不会停止，即便在夜幕降临时，也不会彻底停止。

当日落西山，夜幕降临时，跳舞草会像个非常有礼貌的邻居一样，担心吵到别人的休息，而选择“轻盈”的舞蹈形式：叶柄向上贴向枝条，每一个叶柄顶端的小叶都垂下来休息。另外两个小叶片似乎还未尽兴，还在慢慢跳动，只是劳累了一天，速度不如白天了。

除此之外，还有令人叫绝的地方，跳舞草的舞蹈还会受到音乐的影响。如果你在它的身边播放一首高亢激昂的音乐时，跳舞草会像疯狂的舞者一样，尽情跳舞；相反，如果你在它身边播放一首缠绵低沉的音乐时，它的舞蹈动作立刻变得轻盈下来；如果换成轻悠欢快的音乐时，又会是另外一种舞蹈节奏。它能够配合各种音乐选择不同的舞蹈节奏，令人叫绝。

至于跳舞草的起舞原因是什么，近年来植物学家一直在研究，但还没有得出一个令人信服的结论。

佳佳听完之后，说：“我一定要将这个跳舞草写进今天的日记里，明年暑假我要和同学们去实地观察一下，太不可思议了。”

奇趣小知识：

关于跳舞草的跳舞行为，植物学家认为这和跳舞草体内的压强有关系。初步推测是某些部位的细胞内压强不一致，例如你在跳舞草旁边唱美丽动听的歌曲或播放音乐时，随着声波震动空气的频率传递到跳舞草叶柄，会引起叶柄细胞压强变化，叶片就随之上下摇摆。

炮弹厂——结出“炸弹”的大树

佳佳放学回家，还没有放下书包，就说：“妈妈，世界上有能够结出‘炸弹’的大树吗？”

妈妈说：“我听说过有这种植物，但没有见过，你怎么知道的？”

佳佳说：“我有个同学说，他去海南旅游的时候，见过能够结出‘炸弹’的大树。”

妈妈问：“是吗？”

佳佳说：“他到海南旅游的时候，在一个景点看到30棵‘炸弹树’均匀地分布在一个喷泉的周围。树高有3至6米，其中有3棵树已经结出‘炸弹’了。这些‘炸弹’外形光滑，圆圆的，浅绿色，面向阳光的一面是紫红色，和柚子挺像的。”说完之后，佳佳又做了一个很夸张的动作，说：“这些‘炸弹’如果爆炸了，岂不是会炸死很多人？”

妈妈说：“这些我不是很清楚，你可以上网去查查资料。”

聪明的小朋友，现在就将关于炸弹树的资料展现给大家。

世界上的确有炸弹树，但没有想象中那么可怕。

炸弹树的原产地在南美洲亚马逊河流域，这种树从外观看，与其他植物并没有什么不同，只是结出的果实不同而已。这种树非常粗壮，树干周长可达1米，能结出许多类似柚子大小的果实，这些果实果皮非常坚硬，呈黄色。

经过植物学家研究发现，这些果实内部装有大量的烃类化合物，如果火源

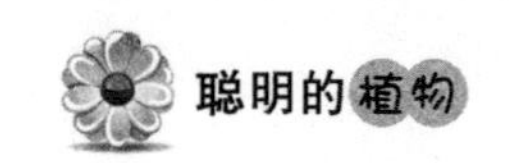

不小心接触到它，这些果实真的会变成“炸弹”。锋利的碎片会四处飞射，威力如一颗小型手榴弹，杀伤力很是强大。有些外壳碎片甚至能飞出20多米。

“炸弹”发生爆炸的地方，经常能够在附近发现被炸死的鸟类尸体。由于这种树过于危险，人们都不敢把房屋建在它的附近，过路的行人也不敢靠近它。

尽管“炸弹树”的威力很大，但它开出的花朵非常好看，且气味很清香。由于当地炎热的气候，这种树开花非常频繁，花朵呈苞状，颜色是浅绿色。一般而言，很多花是不会结出果实的，除非是被授粉的花朵。“炸弹树”花朵的授粉是通过蝙蝠来完成的，这个过程非常不容易。

当花朵被授粉之后，才会停止开花，进而结出“炸弹”。

通过查找资料，佳佳渐渐弄懂了关于炸弹树的知识。

佳佳感叹地说：“大自然真是神工巧匠，什么样的东西都能做出来。”

奇趣小知识：

近年来，植物学家研究发现，“炸弹”内部的汁液竟然可以直接用作汽车燃料。在当地，很多居民只要在果实上钻一些小孔，就可以从里面获得1升左右的汁液，用来作为燃料。

书法家——植物界中的书法家

天气转冷，佳佳不小心感冒了，妈妈到中药馆为她抓了几服药。服了之后，很快就好了。

病好之后，佳佳问："妈妈，你给我吃的是什么药？真苦。"

妈妈回答说："你吃的中药的主要成分是倒吊笔，良药苦口。"

佳佳点点头："这个药的名字真奇怪，不过治感冒还是很不错的。"

妈妈说："它不仅能够治病，还是植物界中有名的书法家。"

佳佳觉得很奇怪："妈妈，不会是它会写字吧？"

大自然无奇不有，这种倒吊笔是不是真的会写字呢？聪明的小朋友，你猜猜看。

倒吊笔分布在海拔300米以下的低海拔热带雨林中，在我国的广东、海南、广西、云南以及贵州等地均能够找到。

倒吊笔这种树木高度可达16米，从外表看来，树皮是灰褐色，且有很多的小孔。树枝非常浓密，鲜嫩的枝条上会覆盖着一层黄色的柔软的毛，老树枝上则没有毛。它的树叶非常奇怪，像纸张一样，树叶的正面和背面均覆盖薄薄的毛，可以在上面写字。

在植物学中，它之所以被叫做倒吊笔，和它的果实有很大的关系。从春季到秋季，倒吊笔会开满秀气的花朵，每一个花朵上有五枚花瓣，组合起来很像梅花，结出的种子是倒着生长，顶端有白色绢质绒毛，远远地看上去，非常像一支支毛笔。

每当秋季长出果实的时候，看上去非常壮观，像书法家收藏的一支支悬挂着的毛笔，故因此得名。

倒吊笔的全身都是宝，而且采摘非常方便，随用随采。它的根作为药材，可以起到祛风利湿，化痰散结的作用，在医学领域，常用来治疗颈淋巴结结核，风湿性关节炎，腰腿痛，慢性支气管炎等疑难杂症。而它的叶子，则可以用于治疗感冒发热，且效果很好。

了解了这些资料之后，佳佳说："倒吊笔真好，浑身都是宝。"

妈妈说："是啊，不过倒吊笔不是真的会写字，它只是收集毛笔的收藏家。"

奇趣小知识：

倒吊笔除了能够作为医用之外，还可用作颜料。我们生活中各种颜色的衣服，比如蓝色的衣服，蓝色染料的原材料就是倒吊笔的叶子。

长在树上的面包——面包树

妈妈带佳佳去吃肯德基，经过一片树荫的时候，佳佳说："如果树上能够结出面包就好了，伸手就可以吃到，不用跑那么远了。"

妈妈笑着说："那下次就把你送到萨摩亚去，你站在树下就可以伸手够到面包了。"

佳佳问："难道萨摩亚的大树上能够结出面包吗？"

妈妈点点头。

佳佳觉得不可思议，问：“面包怎么会长在树上呢？你快点告诉我。”

妈妈提到的萨摩亚的树木能够长出面包，这是真实存在的。萨摩亚整个国家的工业和农业发展得都很缓慢，但萨摩亚人并没有因此受到饥饿的威胁。相反，他们生活得非常悠闲，这是因为他们拥有一种特殊的资源。

这种特殊的资源就是面包树。至于面包树怎么特殊，看了萨摩亚当地流传的一个笑话就知道了：一个萨摩亚人，只要花1天的时间，种下10棵面包树，就完成了一年的“粮食储备”。10棵面包树长出的“面包”，足够一个人吃上一整年。

萨摩亚人将这种树上结出的“面包”切成片，再烘烤一下就成了他们口中的美食。不仅如此，面包树还是当地各种物品的原材料。用面包树做的交通工具能够满足他们出行的需要；用面包树建的房子能够满足他们住房的需求。

面包树，原产于南太平洋一些岛屿国家，树身一般高达十多米，最高可达40米。面包树的树干非常粗壮，枝繁叶茂。在它的树枝上、树干上直到根部，都能结出“面包”，而且一年中的大部分时间都能结果。每个果实是由一个花序形成的聚花果，果肉的味道香甜，营养非常丰富，含有大量的淀粉和丰富的维生素A、维生素B及少量的蛋白质和脂肪。

其实，面包树上结出的果实并非真正的面包，而是和面包非常相似，经过烘烤之后，松软可口、酸中带甜，口味和面包差不多，含有很丰富的淀粉，因此取名为面包树。

面包树为人类提供了丰富的食物，而且面包树的成活条件非常简单，只要在适应的条件下就能够成活，而且非常高产，五棵中等大小的面包树，足可养活一个六口之家。

面包树的果实除了能够作为口粮食用外，还能够用来酿造香酒、制果酱。面包里面的种子用糖烘炒后， 吃起来同炒栗子差不多。

近年来，我国开始引进面包树，但目前只能作为观赏用。目前，植物学家正在进行实验和改进，希望有一天它能够结出真正可口的“面包”。

如果面包树能够真正落户中国，不仅能够达到绿化的目的，还能够为人们提供口粮，减轻我国人口多面临的粮食压力。

听完之后，佳佳迫不及待地说：“太好了，如果能够成功的话，那我以后就可以吃到长在树上的‘面包’了。”

奇趣小知识：

在战争中，“面包树”曾经发挥过重要的作用。几十年前，美国与印度曾经发生过一场战争。那场战争是美国参战人数最多、最重大的战争。然而，美国采取各种手段，甚至截断印度军队的粮食供应，最终却无奈败北。因为在战争中，印度军队就是靠着这些神奇的“面包树”，解决了吃饭问题，使美国人的企图没有得逞。

光棍树——常年孤孤单单一个人

佳佳的爸爸参加了公司组织的“美丽的西双版纳十日游”的活动，归来之后，带回很多照片，照片中有很多风景名胜，还有很多佳佳从未见过的动植物。

在其中一张照片上，佳佳看到一种怪怪的树：这棵树的周身是满满的枝条，却连一片叶子也没看到，非常奇怪。

佳佳觉得很奇怪，问：“这棵树怎么连一片树叶都没有，像是个‘光杆司令’。”

爸爸说：“你还真说对了，这棵树还真是个‘光杆司令’。”

佳佳问：“那这棵树叫什么名字？”

爸爸说：“‘光棍’树。”

植物界中，光棍树原产于东非和南非的热带沙漠地区，高度可达4米到10米。然而，光棍树的树叶却是全无一个，周身看不到一片树叶。满身都是碧绿、光滑的枝条，很有光泽，因此在植物界中又有另外一个名字，绿玉树。

除了周身没有一片树叶外，光棍树还有一个非常与众不同的特点：如果你不小心碰断了它的枝条，会立刻渗出白色的乳汁。这种白色的乳汁含有剧毒，如果让这些乳汁进入人的口、耳、眼、鼻或伤口中，人会立刻中毒。然而，这种有毒的乳汁却能抵抗病毒和害虫的侵袭，从而起到保护树自身的作用。

聪明的小朋友，你知道光棍树为什么仅仅有绿色的枝条而没有一片树叶吗?

其实，这和它的生存环境有很大的关系。

前面说过，光棍树的原产地在东非和南非的热带沙漠地区，这些地区常年高温少雨。原来，在漫长的岁月中，植物为适应环境，都会发生变异，光棍树的故乡——非洲沙漠地区日照强烈，降雨非常稀少。由于严重缺水，许多植物大量枯死，甚至灭绝。

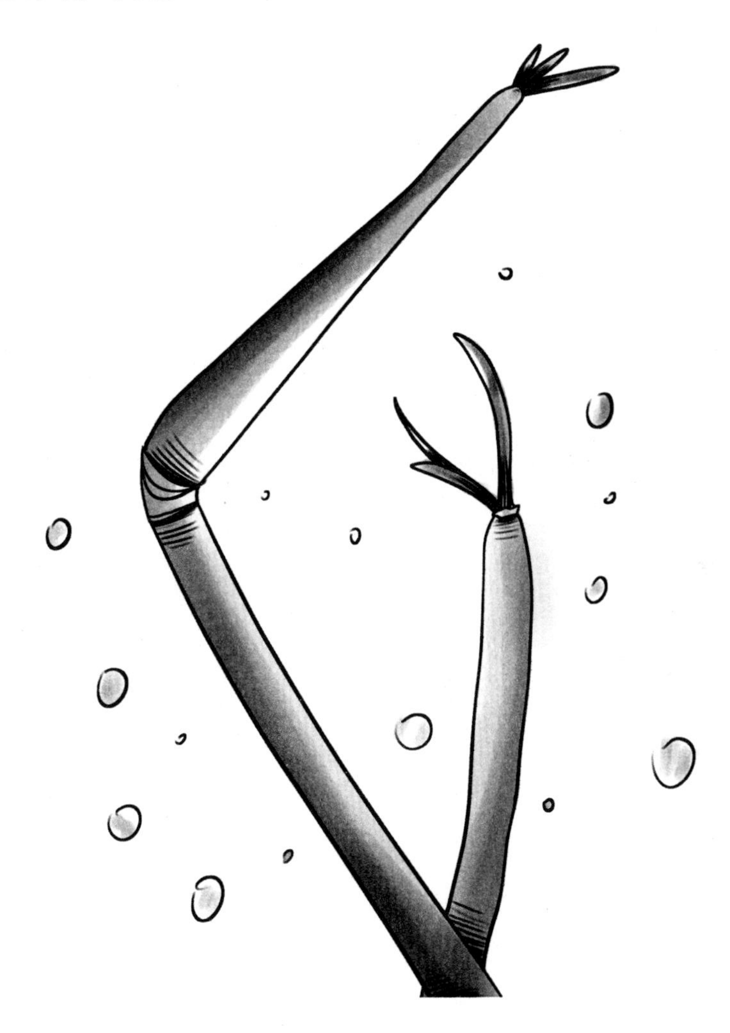

光棍树为了适应恶劣的自然环境，减少水分的蒸发，在长期的进化过程中，逐渐退掉了树叶。降低了水分的蒸发，枝条就得到足够的水分，慢慢变成了绿色。

当然，植物需要进行光合作用才能生存，而失去了树叶，光棍树就用绿色而密集的枝条代替树叶进行光合作用。这样，光棍树就得以生存了。

假设一下，如果将光棍树种植在温暖多雨的地区，会不会长出树叶来呢?

实验证明，如果将光棍树种植在温暖多雨的地区，不仅会很容易繁殖生长，而且还可以长出一些树叶呢。同样，这也是为了适应环境而发生的变化。

爸爸说完之后，佳佳说：“原来植物与众不同的特点都是为了适应环境啊。”

爸爸点点头：“这就是适者生存的体现。”

奇趣小知识：

近年来，植物学家研究发现，光棍树除了观赏作用外，还有医疗、造纸等作用。茎内的白色乳汁可以提取制作生物柴油，这种提纯物几乎是无污染的。近年来国家提倡开发无污染的能源，相信光棍树会提供一种理想的原材料。

第四章　植物界不为人知的趣事

植物有感情——植物的精神世界

为了培养佳佳的兴趣，陶冶情操，妈妈在家中养了很多花儿。几乎每个周末，佳佳都要给花儿浇水、施肥，帮助它们快快长大。

这天，佳佳在给花儿浇水、施肥之后，看着绿油油的叶子，佳佳说："我那么辛苦给花儿浇水、施肥，照顾花儿，它会不会感激我？"

妈妈笑着说："你说呢？"

佳佳说："它不会说话，也不会动，肯定不会感激我，因为它根本没有感情。"

妈妈摇摇头，说："你这么认为并不对，其实，植物是有感情的。"

佳佳吃惊地说："你的意思是说，花儿知道我在照顾它，会感激我？"

妈妈说："我不太清楚，但植物学家已经证明植物是有感情的。"

植物真的有感情吗?

一直以来，很多人都对植物有没有感情争论不休，但都找不到足够的证据去证明。直到20多年前，植物学家经过反复实验，才发现植物具备类似于人的情感，甚至还有与人类相似的相知相克性和激素特征。

20年前，美国情报专家巴克斯特在给自家院子里的花草浇水时，异想天开地将测谎仪器的电极绑到一棵天南星植物的叶片上，想测试一下水从根部到叶子上升的速度究竟有多快。

测试的结果令他大吃一惊：当水慢慢浸入到根部时，测谎仪上显示出的曲线图形居然与人在激动时测到的曲线图形非常接近。

难道植物也有感情? 巴克斯特意识到自己得到了额外的收获。他认为植物是有情感的，但有个问题困扰着他，植物是怎样表达自己的情感的呢?

接下来，他又进行了新的实验。将一株植物投入到装有沸水的透明容器中，同时在三间房子里各放一株植物，让它们与仪器的电极相连，然后锁上门，不允许任何人进入。

第二天，他去查看实验结果，发现当一株植物被投入沸水6秒左右的时间内，植物的活动曲线急剧上升。根据这一结果，巴克斯特提出，植物的死亡引起了同种类之间的信息交流。

此后，加拿大的科学家也进行了研究。他研究的方法更为直接：每天对莴苣进行10分钟的超声波处理。如此反复几个月，莴苣的产量居然远远高于同种类的产量。

几乎同时，他又对大豆进行了不同的实验，将同一块土地上的大豆分成不同的部分，一部分播放贝多芬的"第一交响曲"，另一部分播放杂乱无章的噪音。

20天后，两部分大豆呈现不同的生长状态，每天听贝多芬的"第一交响曲"的大豆苗居然比每天听噪音的大豆苗高出1/3。

这些实验证明，植物的确有活跃的"精神生活"，轻松的音乐能使植物感到快乐，促使它们茁壮成长。相反，杂乱无章的噪音会引起植物的“烦恼”，使它们生长速度减慢。

明白了这些道理之后，佳佳说：“太不可思议了，看来我要认真地照顾这些植物，因为它们此时此刻都在默默地感谢我。”

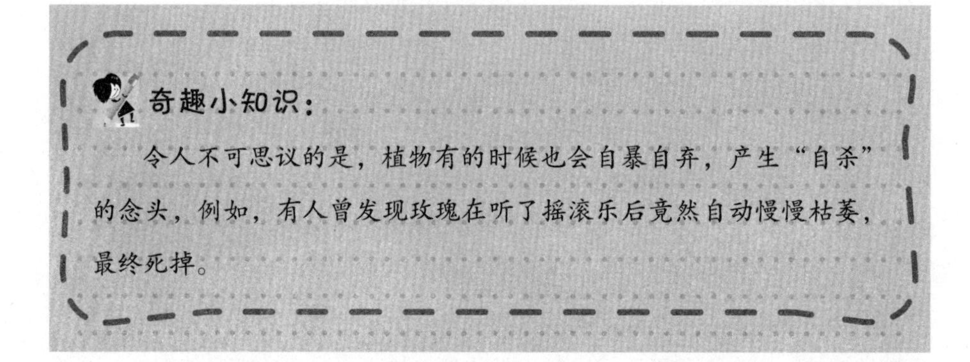

奇趣小知识：

令人不可思议的是，植物有的时候也会自暴自弃，产生“自杀”的念头，例如，有人曾发现玫瑰在听了摇滚乐后竟然自动慢慢枯萎，最终死掉。

开口说话——植物也有“语言”功能

春天悄悄地来了，小区里的柳树、杨树都开始发芽了，地上的小草也不甘寂寞，悄悄地钻出了泥土。

佳佳说：“春天真好玩，可惜植物不会说话，不然就能够听到它们之间的交流了。”

爸爸笑了笑，说：“如果你认真观察，是能够发现植物的语言的。”

佳佳觉得很奇怪，“难道植物也会说话吗？”

当然，植物不像人一样，长着嘴巴可以说话，但植物同样有自己的语言。

最直接的证据，是在澳大利亚。澳大利亚的植物具备报警的功能，当植物在遭受严重的干旱时，会发出“咔嚓咔嚓”的声音。后来，植物学家通过研究发现，这些声音是由植物身体内微小的“输水管震动”产生的。

明白了植物的语言，了解了植物的需求后，及时地进行喷灌，让它们得到足够的水分，从而使植物长得更加茁壮。

当然，并不是所有的植物都能够发出声音。植物的语言形式多种多样，以大豆为例，植物学家发现，当植物的叶子被昆虫咀嚼时，植物会发出表达疼痛的信号，分泌出一种类似动物抑制疼痛的神经激素。植物学家表示，这是类似于人类喊“哎哟”。

在动物受到伤害时，伤口分泌的激素会将一种称为花生四烯酸的化学物质转化为前列腺素。而在植物体内，这种激素有助于降低疼痛，从而减轻伤害。

为了验证这种推测，植物学家在植物受伤的部分喷洒阿司匹林或布洛芬后，结果证明，就像在动物身上喷洒此类物质一样，都能消除伤痛反应。这是不是在为植物“疗伤”呢？

大自然中，我们常见的杨树，能够与同伴进行互动，在受到伤害时提醒同伴。例如，在突然被虫子咬伤刺痛时，它会马上招呼旁边的伙伴，提防虫子。而杨树提醒同伴的方式是通过释放一种特殊的气味，这种气味既能够抑制虫子的继续伤害，又能够提醒同伴，一举两得。

同样，槐树在受到伤害时，会产生有毒的苦味物质，一旦槐树的树叶被羚羊或长颈鹿吃掉，这时，不仅仅被吃的槐树会产生这种物质，周围所有的槐树像是接到预报似的也都会争先恐后地释放出毒素。

此外，植物学家还发现，同种类的植物之间具有一种天然的互补作用。以橡树为例，如果森林里一棵橡树病死或被砍伐，其周围的橡树就会立刻准备后备军，它们马上会结出更多的果实和种子，似乎是要弥补前面的损失。

那么，它们是怎样知道要这样做的呢?

植物学家研究发现，这是橡树之间借助电极进行传播的。被砍伐的橡树会产生短暂却特别高的振幅，并且在被砍伐的树木周围也同样产生了相应的振幅。

佳佳听完后，大吃一惊：“原来植物这么聪明。”

妈妈说：“是啊，植物也属于生物，也就是有生命的物质，既然有生命，当然有自己特殊的语言了。”

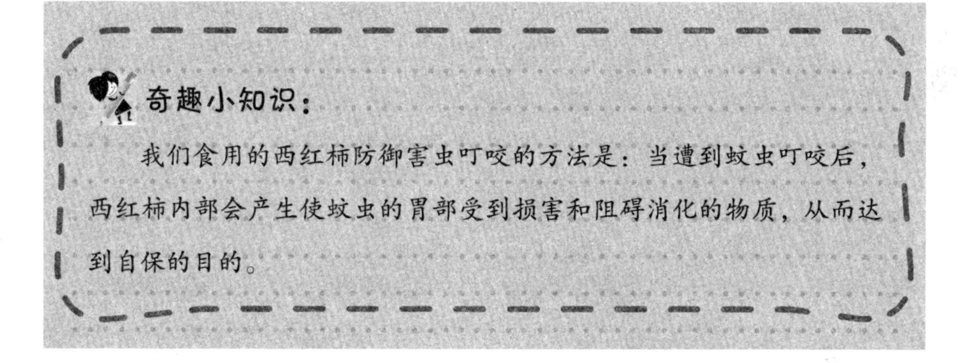

奇趣小知识：

我们食用的西红柿防御害虫叮咬的方法是：当遭到蚊虫叮咬后，西红柿内部会产生使蚊虫的胃部受到损害和阻碍消化的物质，从而达到自保的目的。

空间专家——操纵植物的生长方向

在小区里休息的时候，佳佳抬头看了看大树，说："老师告诉我们，牛顿就是坐在苹果树下面休息的时候，被树上掉下来的苹果砸了头，从而发现了万有引力定律。"

爸爸点点头："只要你认真观察身边的事情，你也会有所发现的。"

佳佳想了想，说："可是现在很多东西都被科学家发现了，我还能发现什么？"

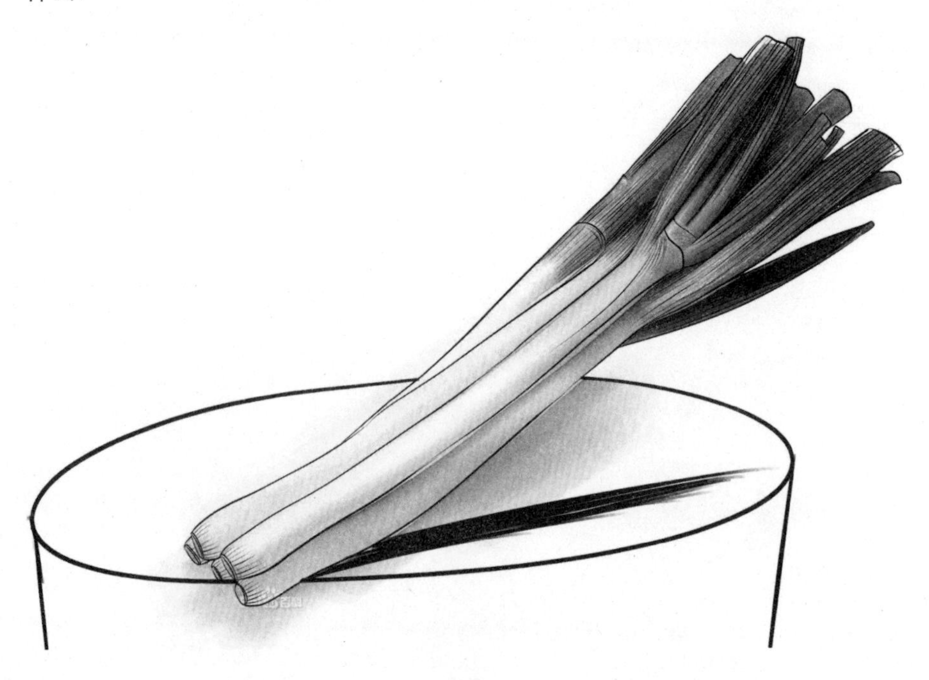

爸爸便故意引导她，对她说：“你可以看一下大树，大树的生长方向为什么是向上的？为什么不是向其他的方向？”

佳佳想了想，说：“因为太阳在天上，植物需要进行光合作用，只能往上长了。”

爸爸问：“你觉得你说得对吗？”

聪明的小朋友，你觉得佳佳的答案是正确的吗？

一直以来，大树的根部往地下生长，而茎干则伸向天空。这是一个非常普通的现象，和牛顿发现万有引力定律时苹果落地的现象一样。可是植物为什么这样生长，要回答这个问题还真不容易。

植物学家一直都在研究是什么东西操纵着植物的生长方向，著名的生物学家达尔文也曾经为此进行过很多次实验。

为此，达尔文在实验室里培植了花草。当幼苗从盆口破土而出之后，会朝着透光的窗子一边倾斜。很明显，光线影响着植物的生长方向。

然而，究竟是什么控制了植物的向阳生长呢？他猜测控制植物向阳生长的东西可能在植物的顶芽附近。

为了证明自己的猜想，达尔文把幼芽的顶部削去一块，结果情况完全变了，幼苗虽然还朝上长，但再也不会伸向太阳光的方向了。

达尔文通过这个实验证明，植物的顶芽有一种特殊的物质在操纵着植物的生长方向。可惜的是，在当时的研究条件下，限制了进一步深究这个问题。

此后，很多植物学家都在进行类似的研究。美国的植物学家温特终于揭开了这个问题的谜底。在实验中，他将植物的胚芽鞘进行了特别处理，并从中分离出一种特殊的化合物，取名为生长素。生长素存在的作用就是指挥生长。它像个控制室一样，能够根据植物所处的环境，例如温度、光线、地点等，及时发布命令，决定植物如何生长，或者生长到什么程度合适。

然而，还有一个问题没有彻底地解决，那便是生长素又是如何懂得“上”和“下”的方向概念的呢？又是由什么力量促使它选择根部朝下、茎朝上的生长方向呢？

这种神奇的掌控方向的现象取决于什么呢？目前依然是一个有待探索的谜。

佳佳说："如此普通常见的现象，居然隐藏着这么多的知识。更加令人意想不到的是，居然还没有得到彻底解决。"

爸爸点点头："知识是无穷无尽的，需要不间断地学习。"

佳佳认真地说："以后我一定要好好学习科学知识，帮助人类解决这些问题，进而服务于人类。"

奇趣小知识：

在我们的生活中，经常有人说"倒栽葱"这个词语，意思就是一次惨重的失败。聪明的小朋友，你认为"倒栽葱"能够成活吗？开动脑筋，好好想一想。如果有条件，不妨尝试一番。

长寿星——植物的超强生命力

通过大树的年轮，佳佳懂得了如何测算大树的实际年龄，但同时她又面临一个新的问题：植物能够活多久?

佳佳问："爸爸，这些大树能够活多久? "

爸爸想了想，说："我也不是很清楚，不过你可以去查找这方面的资料。"

聪明的小朋友，你知道植物的寿命是多长吗?

在春天播下向日葵的种子，到了夏天便会长出花盘并结出种子，入秋之后向日葵立刻枯萎。依此看来，似乎可以认定向日葵的寿命只有四个月。但是，如果把萌芽的向日葵一直放在暗处使它照不到光线，则即使在长出叶子的阶段也会开花结实而枯萎。这时，它的寿命就变成只有短短几个星期而已。

但是，如果把萌芽的向日葵移入温室，一到了夜晚就点亮电灯保持明亮，那么它将始终不会开花而一股劲儿地伸蔓发叶，持续成长好几年。

像这样，向日葵会依个体所处环境的条件而明显改变一生的长度，看起来好像没有固定的寿命。事实上，不只是向日葵，许多植物都呈现出类似的性质。

在大自然中，植物是最为特殊的一个种类，它们不像人类和其他动物一样，有个大致相同的成长历程。植物能够在一生的各个阶段休眠。因此，从受精到个体成长的时间长短并不固定。而且，休眠期间的长短会依周遭环境的条件而改变。从一株草木上同时掉落地面的多粒种子，有的在第二年立刻发芽，有的则躲在地底休眠数年乃至数十年不等，等待着发芽的机会，有些种子甚至经过几百年之后才发芽。

上文所说的向日葵实验，是由于环境中的光改变而导致开花结果的时期也跟着改变。也就是说，在动物方面所看到的成长和寿命的既定过程，在植物方面并不具有遗传性。

当然，这并不是说，植物的寿命没有期限。

一般而言，普通的植物能够存活几个月到十几年。寿命最短的可能是因为生存环境比较恶劣，例如沙漠中生长的短命菊，只能存活几个星期。由于沙漠中气候干燥，雨水又特别少，只要有点雨水，短命菊就能迅速生长、开花结实，这样就能躲开大旱对它的威胁。

能够存活时间较长的植物，例如葡萄树，一般能够存活100年左右，枣树能活130年左右，柑橘则能够存活近300年，杉树能活上千岁，柏树能活3000岁，红桧要超过3000岁。非洲有一种龙血树，据说已活到8000岁了。

聪明的小朋友，你们看这些树的寿命多长啊。

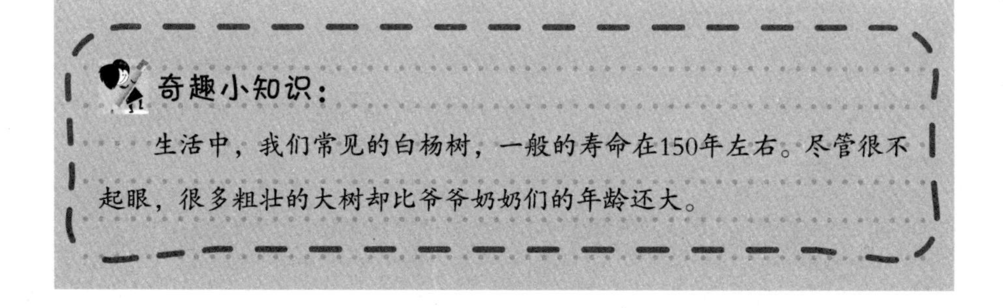

奇趣小知识：

生活中，我们常见的白杨树，一般的寿命在150年左右。尽管很不起眼，很多粗壮的大树却比爷爷奶奶们的年龄还大。

探测矿产——探测矿产的地质工作者

植物与人类的关系非常密切，关乎人类生活的方方面面。接下来，将为你描述一些植物的特异功能——它们充当地质工作者，不仅能帮助人们探测矿产资源，还能够帮助人类采矿。

我们知道，对地质工作者来说，寻找矿产是一件非常困难且危险的事情。然而，借助一些特殊的植物充当向导，寻找矿产往往要容易得多。

在上个世纪，刚刚成立的苏联为了满足工业发展的需要，地质工作者在全国各地到处寻找矿产资源。忙碌了大半年，始终一无所获。

这天，地质工作者们继续出发寻找矿产。在一座山头上休息的时候，发现身边的一些野玫瑰并不是平时见到的红色，而是蔚蓝色的。这个奇怪的现象引起了地质工作者们的注意。

通过查找资料，他们得知铜矿石会使野玫瑰染上蔚蓝色。他们经过走访调查，确信这里会有规模不小的铜矿。经过挖掘，终于在乌拉尔找到了大铜矿。

这就是野玫瑰发挥了向导的作用。如今，地质工作者为了探测一些地方是否含有矿产，会种植一些植物。如果发现这些植物出现异常，则能够证明当地的土壤与众不同。例如，镍会使某些植物的花瓣掉色；锰矿则会使所有花卉都变成红色；矮灌木林能够证明土壤中有石膏；矮生樱桃和刺扁桃说明地下有石灰岩；忍冬则常与金矿、银矿伴生；有些植物如蒿，在一种土壤上长得很高大，而在另一种土壤中却变得非常矮小，这是由于土壤中含硼量有多有少之故。

除了能够充当探测矿产的向导外，植物还能够帮助人类去开发这种矿产，省去了很多的花费。最著名的要数紫云英了。

在北美洲有一个神秘的山谷，那里非常偏僻，土壤肥沃。可是尽管如此，却没有人在那里生存。原来那里的居民，往往都生活不了多久，就会得一种莫名其妙的怪病。患病的人，先是双眼失明，然后毛发脱落，最后因全身衰竭而死。当地的很多人，提到这个山谷都会毛骨悚然。

后来，地质学家考察了这个神秘的山谷，并揭开了谜底。原来，这个山谷里含有十分丰富的矿物——硒，植物在生长时吸收了大量的硒，人吃了含有大量硒的植物，硒就在人体内聚集起来，引起中毒并死去。

硒是一种很稀有的矿物元素，开采起来很费力，当地质学家弄清了事情的真相后，就在那里种植了大量能够吸收硒的植物紫云英，等到紫云英长成收获以后，将它烧成灰，便可以从中提取硒。用植物采矿的方法，人们不但得到了大量的硒，还节省了许多人力和物力。

奇趣小知识：

在植物界中，还有很多的植物能够帮助人类采矿，例如我们经常食用的海带，它可以帮助人类提炼出碘。有了海带的帮助，人类要将陆地中含量稀少的碘开采出来就容易多了。

自动行走——喜欢旅游的植物

走在树荫下，佳佳看到一排排整齐的树木，说："如果这些树木和我们一样，能够行走就好了。"

爸爸笑着说："它又没有脚，怎么行走呢？"

佳佳问："能不能在它们的根上面安装一个轮子，让它们滑行呢？"

爸爸说："用这种方法让树行走，根本行不通的。不过有一种树却能够自动行走。"

佳佳惊奇地说："真的有植物能够行走吗？"

聪明的小朋友，你认为植物能够行走吗？

一般来说，在我们的印象中，一株植物，除非有人移动它，否则会一辈子只待在一个地方。然而，世界之大无奇不有，植物界中确实存在着这样一些特殊的种类，它们具有常人无法想象的技能——行走。

在植物界中，有一种树木叫苏醒树，它便是植物界中赫赫有名的喜欢旅游的一族。植物学家曾经在美国的东部地区和西部地区发现过它的踪迹。这种植物在环境适宜、水分充足的地方能够安心地生长，而且繁殖得非常快，树叶茂盛。

从这点来看，苏醒树并没有什么特别之处。然而，一旦环境发生变化，干旱缺水时，它独树一帜的个性就彰显出来——收拾行囊，借助风车随时搬家。

它搬家的方式很有趣，将根从泥土中抽出来卷成一个球体，一旦起风就会

被风吹走。当遇到有水的地方时，它会停下来，准备在此处安家。将卷成球体的根须抽出来，插入水中，又开始了新生活。

这就是苏醒树的奇怪之处，只要它移动自己，就可以一直存活下去。

关于苏醒树的秘密，植物学家经过研究发现，它的周身都有很强烈的触觉器官，能对周围的环境不断作出预测，一旦所处的环境能够满足它生长的需要，它就会生根。

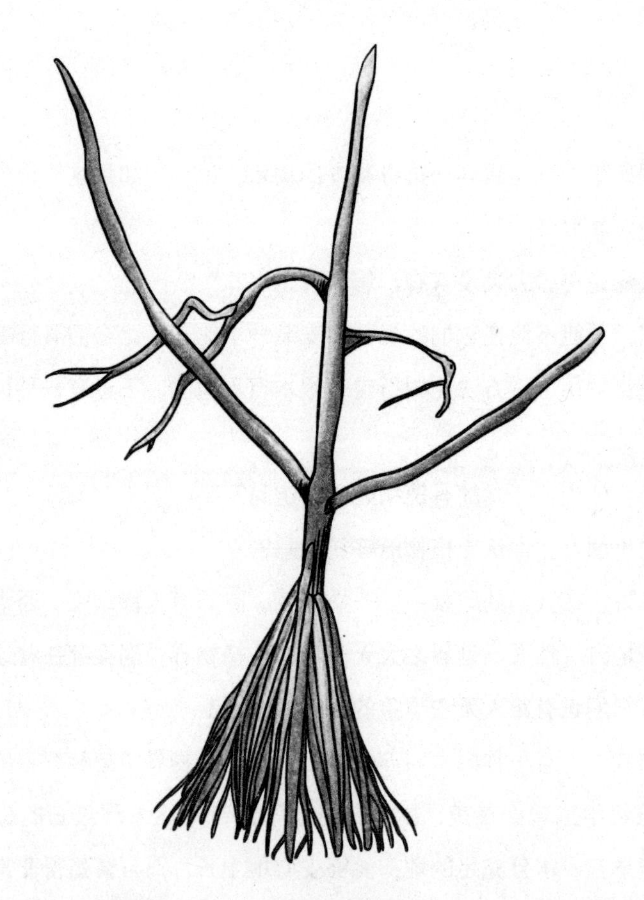

植物学家认为，苏醒树比一般的植物要高级一些。以动物来比喻，它属于智商比较高的种类，和海豚一样，能够表现一些超过其他族群的行为。

除此之外，它还能有意识地控制自己的身体从而帮助自己更好地生存，虽然不能像人类一样改变环境，但它能让自己找到所需的环境并在那里生活下来，是植物中的天才。

苏醒树之所以称为苏醒树，就是因为它生长起来后，遇到外界环境变化，能缩卷身体，搬家。遇到合适的环境，又张开身体，苏醒。但是在这个不断进化自己的过程中，苏醒树总是努力使自己重生，这是它为什么能移动的缘由。

在美国，苏醒树的数量非常之少，但它们生命力非常旺盛，给生物学家研究关于生物的感应与感知是否存在提供了方便。

除了苏醒树之外，在南美洲的沙漠地区，还生长着一种能够行走的植物，叫步行仙人掌。这种仙人掌能将自己的根系当做双脚，它的根系是由一些带刺的枝丫构成的，能够借助风，慢慢地向别处行走。

佳佳听完后，说："这些植物都太聪明，太有趣了。"

爸爸说："植物中存在着很多的知识，只要你认真学习并细心观察，一定能够学习到更多新鲜的知识。"

奇趣小知识：

步行仙人掌还有一个与众不同的特点，它成长所需要的营养大部分是从空气里吸取的，不是依靠根部，因此，它能够短时间离开土壤而存活。

晕倒了——植物也会被麻醉

新闻里面报道一则消息：动物园中一只老虎从兽笼中跑了出来，为了防止它伤害到游人，兽医用吹管给老虎注射麻醉针后，将老虎抬回兽笼。

看到这个新闻之后，佳佳说："老虎被注射了麻醉剂，真可怜。它要是一棵会行走的树，就不会被注射麻醉剂了。"

爸爸问："为什么这么说？"

佳佳说："因为植物不会被麻醉啊。"

爸爸笑着说："你怎么知道植物不会被麻醉的？"

聪明的小朋友，你有没有想过这样的问题：植物也会被麻醉？

通过前面的学习，我们已经知道猪笼草会将落在它上面的苍蝇吃掉。然而，如果将它麻醉之后，它还能够吃掉落在它上面的苍蝇吗？

植物学家曾经做过这个实验，用乙醚①对猪笼草进行了麻醉。结果，无论苍蝇怎么落在它上面，怎么去挑衅它，它也不会再对苍蝇形成任何威胁，瓶口一动不动。当麻醉作用消失后，它又变成了"捉拿"苍蝇的能手。

不仅是猪笼草，含羞草也有类似的特点，一旦被麻醉，也会变得"呆若木鸡"，再也不"害羞"了。除此之外，很多植物，比如会跳舞的跳舞草，会运动的植物等，在麻醉药的作用下，会失去原来的特点，变得呆若木鸡。

---

①乙醚：乙醚是一种无色透明液体，有特殊刺激气味。生活中，我们用的洗衣粉中就含有少量的乙醚。乙醚会使皮肤发生干裂，应该少用含有乙醚的洗衣粉。

由此，我们可以得出，植物并不是我们平时所想象的那样，而是具有动物的很多特征。

了解了植物的这个特征之后，植物学家开始思考，麻醉剂对植物的生长和发育会不会有什么影响呢?

最先解开这个谜团的是法国的植物学家巴特，通过大量的实验，他得出低剂量麻醉会抑制植物的光合作用，然而却能够促进植物的呼吸，而大剂量的麻醉会同时抑制这两个作用。

在实验的过程中，巴特得出了一个意外的成果：麻醉剂对种子有“唤醒”的作用。

简单来说，种子好比一位昏昏欲睡的孩子，而各种激素、阳光、温度和水分是“唤醒”它的条件。麻醉剂可以代替各种激素、阳光、温度和水等，促使昏昏欲睡的孩子醒过来，是一种非常好的催化剂。

这个意外的发现在当时引起了很大的轰动，许多植物学家纷纷进行类似的

实验。

然而，并不是所有的麻醉剂都能够起到唤醒种子的作用，有些特殊的麻醉剂，比如巴比妥类的麻醉剂，却能阻止种子发芽和花粉管的生长，还能阻碍稻秧生长，使叶绿素减少。因此，有些麻醉剂对植物是起破坏作用的。

奇怪的是，本身充满麻醉剂的罂粟类植物却能茁壮成长，这其中又藏着怎样的奥秘呢?

这些问题的答案还有待后人去解答。

奇趣小知识：

文章中提到的罂粟，是制取鸦片的主要原料。它并非百害而无一利，它的提取物可以用来制作镇静剂，而且它的种子液含有对健康有益的油脂，广泛用于人们食用的沙拉中。并且罂粟花非常漂亮，具有很高的观赏价值。

第五章　植物界中的“天才”

最害羞——最喜欢害羞的草

爸爸给佳佳讲了一个非常传奇的故事：

杨玉环刚刚进入皇宫时，因为见不到皇帝，整日里愁眉苦脸。有一次，她和一群宫女一起去御花园赏花。在赏花的时候，杨玉环看到一片绿色的小草，盛开着粉红色的小花。

杨玉环觉得非常漂亮，就伸手去触摸。这时，奇怪的现象出现了，这种植物的叶子刚被触碰到，立即就卷了起来。很多宫女都被眼前的情景惊呆了，都说这是杨玉环的美貌，使得花草自惭形秽，羞得抬不起头来。

一时之间，宫中都在盛传这个故事。唐玄宗李隆基听说宫中有个“羞花的美人”，立即召见。见面之后，唐玄宗觉得杨玉环果然是闭月羞花之貌，沉鱼落雁之容，很快便封为贵妃。从此以后，“羞花”也就成了杨贵妃的雅称了。

听完这个故事之后，佳佳说：“哇，杨玉环真的那么漂亮？能让花草都感觉到自惭形秽吗？”

爸爸哈哈大笑，说：“怎么会呢？只不过杨玉环遇到的花草是一种特殊的草而已。”

佳佳问：“是什么草？”

聪明的小朋友，你知道杨玉环遇到的是什么草吗？

这是如今在很多家庭中都能见到的一种植物——含羞草。

含羞草原产于南美热带地区，由于适应性强，易于生长成活，很快便出现在世界各地。如今我国很多的家庭中都有栽培，没有明显的地理分布。

含羞草的高度约为30至60厘米，周身有很多分支，长满散生的倒刺毛，非常尖锐。叶片呈披针形。开出的花朵为粉红色，一般来说，7月到10月开花。它最大的特点是一旦触摸到它，叶子会立即闭合下垂，像个害羞的小姑娘一样。

聪明的小朋友，你知道为什么一碰到含羞草，它的叶子就会自动合拢，一会儿又展开了吗?

这是因为含羞草的叶子和叶柄有一种特殊的结构，在叶柄的基部和复叶的小叶基部，都有一个比较膨大的部分，叫作叶枕。叶枕对刺激的反应最为敏

感，一旦碰到叶子， 刺激立即传到叶柄基部的叶枕，引起两个小叶片闭合起来。

这种有趣的植物和人类的关系非常密切。首先，它具有很高的观赏价值，含羞草的叶片非常纤细秀丽，它的叶片一碰便会立即闭合。它的花朵数目多且清秀，楚楚动人。而且会发出淡淡的幽香，适合家庭培植。

其次，它具有很高的药用价值。其性微寒，味道有轻微的干涩。食用后，有安神、镇静、解毒、散瘀、止痛、清热、利尿、止血、收敛等功效，常用于神经衰弱、跌打损伤、咯血、带状疱疹。

再次，它还能够准确地预报天气的晴雨变化。用手触摸一下叶子，如果它的叶子很快闭合起来，但张开时很缓慢，这说明天气会转晴；如果触摸含羞草的叶子时，其叶子收缩得慢，下垂迟缓，甚至稍一闭合又重新张开，这说明天气将由晴转阴或者快要下雨了。

除此之外，植物学家发现含羞草能够准确地预测地震。在地震发生的几小时前，含羞草因为对外界的触觉敏感，会突然萎缩，很快便会枯萎。

1938年2月3日，在印度尼西亚，很多当地家庭中培植的含羞草毫无征兆地张开，半个小时之后，又突然全部闭合，果然在半个小时之后就发生了大地震。

1976年在日本，日本地震局的工作人员，多次观察到含羞草叶子出现反常的合闭现象。地震局随即发布地震消息，果然随后就发生了地震。因为预防到位，地震的损失大大减小。

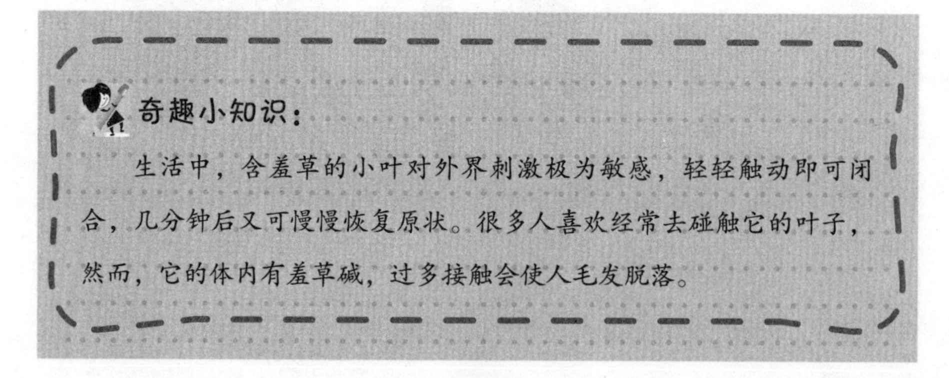
奇趣小知识：

生活中，含羞草的小叶对外界刺激极为敏感，轻轻触动即可闭合，几分钟后又可慢慢恢复原状。很多人喜欢经常去碰触它的叶子，然而，它的体内有羞草碱，过多接触会使人毛发脱落。

毒药天才——世界上最毒的植物

在云南西双版纳，流传着这样一个故事。

相传，云南的西双版纳地区，活跃着很多的野熊野象，它们性格暴烈，非常残忍。当地的傣族人生活环境很差，随时随地都有可能被野熊野象攻击。

然而，生活环境如此恶劣的傣族人，却顽强地生活下来，这多亏了当地的毒药天才——箭毒木。

有一次，一个老人在狩猎时遇到一只身体庞大的狗熊，狗熊想将这个老人当成它的晚餐，便步步紧逼。老人无奈之下，被迫爬上一棵大树，可狗熊仍不放过他，紧追不舍。在走投无路、生死存亡的紧要关头，这位猎人急中生智，折断一根树枝刺向正往树上爬的狗熊。结果奇迹突然发生了，狗熊立即落地而死。

这个老人有惊无险，不仅没有受伤，还捕获了一只庞大的狗熊。回到家中，老人意识到那棵树有很强的毒性，便将汁液涂在弓箭上。从此以后，西双版纳的猎人就学会了把箭毒木的汁液涂于箭头用于狩猎。

老人爬上的那棵树就是植物界中毒性最大的乔木，有林中毒王之称的箭毒木。

身处丛林中，箭毒木并没有什么奇特之处。树木高达30米，削开皮会滴下乳白色的汁液。这些乳白色的汁液含有剧毒，一旦接触到伤口，会使中毒者心脏停搏，血液凝固，短时间内就会窒息死亡，所以人们又称它为“见血封喉”。据传说，这种汁液一旦进入动物的体内，上坡的跑七步，下坡的跑八步，平路的跑九步就必死无疑，当地人称为“七上八下九不活”。

更有甚者，如果不小心将箭毒木的汁液溅进眼里，眼睛立刻就会失明，甚至这种树在燃烧时，烟气进入眼里，也会引起失明。

箭毒木剧毒无比，听起来非常可怕。但实际上，它却有很多的作用。它的树皮非常厚，含有细长柔韧的纤维。生活在当地的少数民族经常会利用它制作衣服及筒裙。

当然，制作衣服及筒裙之前，需要将枝条的剧毒清除掉。当地人所采取的方法是用小木棒反反复复地进行均匀敲打。当树皮与木质层脱离时，就像蛇蜕皮一样取下整段树皮。也可以用刀将其整面剖开，以整块剥取，然后放入水中浸泡一个月左右，再放到清水中边敲打边冲洗，经这样除去毒液，脱去胶质，再晒干就会得到一块洁白、厚实、柔软的纤维层。

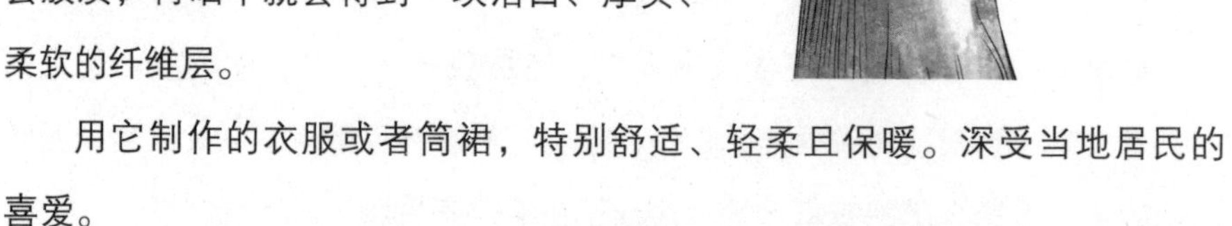

用它制作的衣服或者筒裙，特别舒适、轻柔且保暖。深受当地居民的喜爱。

另外，箭毒木的剧毒，具有加速心律、增加心血输出量的作用，这在医药学上有研究价值和开发价值。

至于箭毒木为何会有这样的剧毒，植物学家也在寻找答案，但始终未能得出让人信服的答案。

箭毒木是稀有树种，分布在我国云南和广东、广西等少数地区，在东南亚和印度的原始森林中也有存在。然而，近年来，随着森林不断受到破坏，箭毒木的数量也在锐减，已被列入国家三级保护植物。

奇趣小知识：

中国中医学中，有“万物相生相克，阴阳不能独生”的理论，认为任何一种东西的周围都有能够制约它的东西。这句话用在箭毒木身上同样适用，箭毒木出现的几十米之内，生长着一种叫红背竹竿草的植物，样子与普通小草无异，这种植物可以解箭毒木的毒。

续命天才——怎么都杀不死的小强

在上活动课时，老师让佳佳给同学们讲故事。佳佳想了想，决定将妈妈昨天晚上给她讲的故事说出来：

这是一个关于神仙的故事，在天山顶部，有一个金光闪闪的天池，那是九天玄女洗澡的地方。在天池的岸边上，生长着一种非常漂亮的仙草，这种仙草能够让人起死回生。

有一年天降大旱，瘟疫流行，民不聊生，成千上万的百姓惨死。住在天池中的小龙女，看到人间遭受灾难，十分怜惜。于是，她把天池岸边的仙草偷偷带到人间为人们治病。这种仙草果然令成千上万死去的百姓起死回生。

天池龙王知道这件事之后，大发雷霆，一怒之下将小龙女打下凡间。小龙女到凡间后，心甘情愿变成原来天池边上那种非常漂亮的仙草，普救众生。然而，天池龙王还不罢休，将小龙女变成的仙草变得十分丑陋，但小龙女仍旧没有屈服，继续拯救人们。民间百姓感谢小龙女为他们作出的牺牲，将这种草改名为还魂草。

佳佳说完之后，同学们送上了热烈的掌声。

老师笑着对同学们说：“佳佳说得非常好。不过，你们知道吗？虽然这只是个神话故事，但故事中提到的还魂草，现实中是真实存在的。”老师刚说完，大家都情不自禁地发出“哇”的一声惊叹。

佳佳问：“老师，真的有还魂草吗？那么说，人类死了之后，还能够复活？”

聪明的小朋友，你们认为佳佳说的对吗?

我们知道，水是生命的源泉，是植物的生命之源。在各种植物体内，都含有大量的水。水生植物的体内，含水量为98%；草类植物的体内，含水量约为70%~80%；木类植物的体内，含水量要少一些，也有40%~50%；含水量很少的，是生活在沙漠地区的植物，约为16%。如果低于这个标准的话，植物可能就会因为缺水而死去。

然而，有一种植物，体内的含水量可以降低到5%以下，几乎变成干草了，却仍然可以维持生命，这种奇特的植物，便是植物界大名鼎鼎的“九死还魂草”。植物学家曾经发现，还魂草在被制作成植物标本11年之后，居然还能够“还魂”复活，足见其旺盛的生命力。

还魂草的高度约为5厘米到18厘米，茎部生有很多密密麻麻的根须。从表面看上去，很像日常生活中我们食用的苦苣。

还魂草这种非凡的不死的本领，秘密就在于它的细胞的“多变性”。当干旱来临时，它的全身细胞都处在休眠状态之中，新陈代谢几乎全部停顿，像死了一样。在得到足够的水分后，全身细胞又会重新恢复正常的生理活动。

说起来，这是它为了适应环境，在长期的进化中形成的。它一般多生长在岩石缝中，那里土壤贫瘠，蓄水能力差。它生长所需要的水源全靠天上的降水。为了能在天气干旱、土壤贫瘠的情况下生存下来，它被迫练出了这身“本领”。

听了老师的讲解之后，大家才明白，还魂草不是能够让人起死回生，而是自己能够起死回生。

奇趣小知识：

还魂草在医学方面也有着独到的用处，如果做成药，有止血、收敛的效果。民间的偏方是将它全株烧成灰，内服可治疗各种出血症，和菜油拌起来外用，可治疗各种刀伤。

抗寒天才——不怕冷的植物

大雪下了整整一夜，佳佳通过窗户往外看，发现地上厚厚的一层积雪。爸爸陪着佳佳出去堆雪人。

小区里一排整齐的松树上面，都堆着一层厚厚的积雪，坚强地站在那里。

佳佳问："爸爸，这些松树难道不怕冷吗？"

爸爸回答说："松树在春天生长，到了秋天就生长得很缓慢，是在积累养分。到了冬天的时候，就会进入休眠期，将积累下来的养分转变为脂肪来御寒。所以，尽管冬天很冷，但松树也不会感觉到冷。"

佳佳又问："爸爸，松树是最不怕冷的吗？"

聪明的小朋友，你说说松树是最不怕冷的植物吗?

一旦到了冬天，千里冰封，万里雪飘，很多植物都变成了"光杆司令"，大地上几乎找不到绿叶和花朵。

然而，植物世界中也有一些不怕寒冷的"绿林好汉"。越是寒冷的天气，它们就越有精神。例如，在我国与俄罗斯边界处的阿尔泰山上生长的银莲花，是个典型的不怕冷的"顽皮儿童"，能够在零下10摄氏度的环境中，从非常厚的冰缝中钻出来生长、开花。

同样不怕冷的，还有我们经常在武侠电视剧中听到的雪莲花，它生长在我国的西藏高原5000多米的山顶处，能够面对冰凉刺骨的寒冷和皑皑白雪，开出紫红色的鲜花。

说到不怕冷，这些还只能算是植物界中的“二流角色”。要说最不怕冷的，不得不说是能够抵御零下30摄氏度到零下40摄氏度低温的白桦树。植物学家曾经观察到，白桦树能够在零下46摄氏度的低温下开花。在当今的植物界，它算得上是不怕冷的“好汉”了。

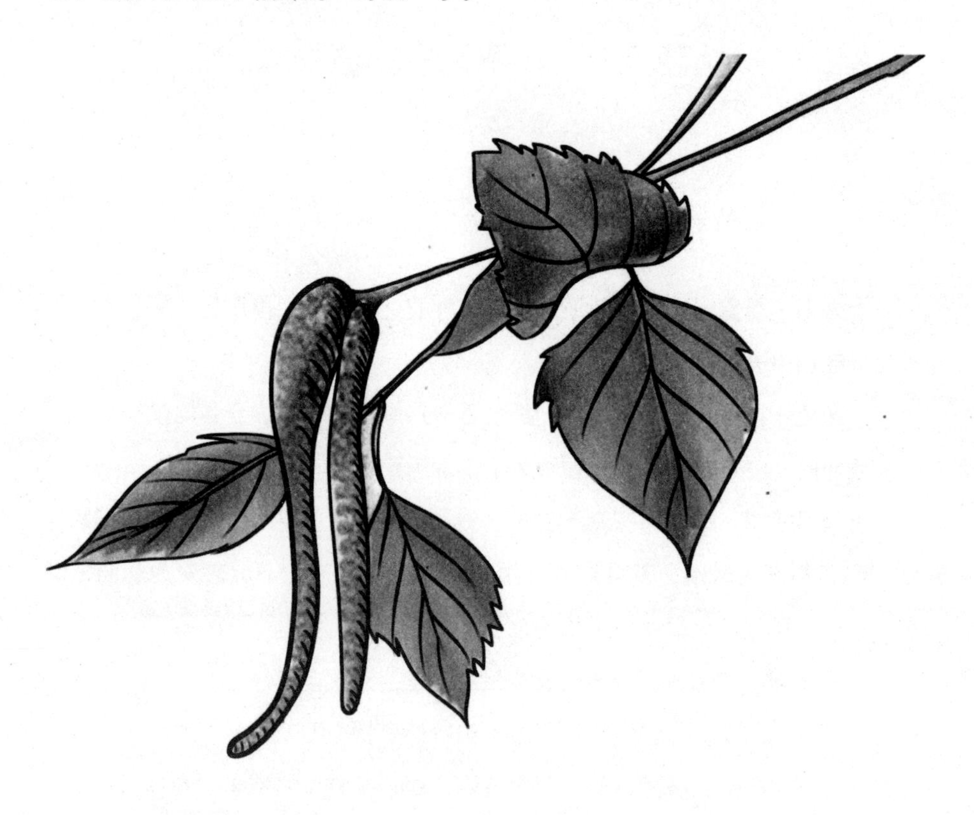

关于它最不怕冷的证据，苏联科学家曾经用人工控制的方法，把白桦树放在逐步降温的环境中，发现它竟然能够耐得住零下195摄氏度的极寒低温。不愧是“抗寒天才”。

白桦树非常常见，在中国的北方，在公路旁，在草原上，在森林里，都很容易找到成片成片茂密的白桦林。白桦树树冠呈圆形，树皮是白色的，高度为15到25米左右，最高的可达30米。

白桦林生长周期短，成材率高，使用范围很广。很多家庭中的家具、木料地板等，都是用白桦树材料制作的。

白桦树浑身是宝，它的木材可做家具，树皮可用来编制日用器具，而且它的树汁是世界上公认的营养丰富的生理活性水，富含人体需要的多种营养物质，如维生素B1、维生素B2和维生素C，具有抗疲劳、抗衰老的保健作用，是21世纪最有潜力的功能饮料之一。

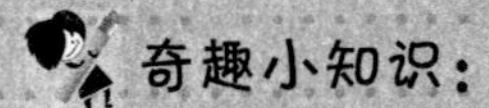

奇趣小知识：

在医学界，桦树汁有独特的药用功能。在欧洲，白桦树有“天然啤酒”和“森林饮料”的美誉，树汁有很好的止咳功效。

孤独天才——光杆总司令

在奶奶家过暑假的时候，佳佳在屋后玩耍时，发现了一种非常奇怪的草。这种草周身只有一片小叶。

佳佳问：“奶奶，这是什么草？”

奶奶看了看，说：“这是独叶草，它呀，要说开花，只有一朵，要说叶子，只有一片，是名副其实的独花独叶一根草。”

佳佳说：“这种植物真是奇怪。”

奶奶笑着说：“这是因为这朵花犯了错误，被百果大仙惩罚了，所以就变成了这样。”

佳佳赶忙问：“怎么回事？”

接下来，奶奶给她讲了一个非常有趣的故事。

在古时候，独叶草和其他的植物一样，非常好看。有一天，酒圣杜康喝醉了，磕破了膝盖，鲜血直流。他随手拔下了身边的一棵草，按在伤口上止血。意想不到的是，这种草居然立即就止住了鲜血。出于感谢，杜康将手中剩余的美酒都倒在这棵草的根部，想让这棵草也尝尝美酒。

这原本是对草的赏赐，却不想这棵草以此作为资本，到处去抢占别的植物的生存空间，而且还到处炫耀，惹得很多植物怨声载道。

有一次，百果大仙下凡来巡视的时候，发现了这种情况，将这种草狠狠地惩罚了一番。把它拔得只剩下一片叶子一朵花作为惩罚，并且宣称以后都不准让百果大仙看到。

这种草非常害怕，只好躲到深山中，到一些寒冷、潮湿，十分隐蔽的地方去扎根。

听完了奶奶的故事之后，佳佳说："原来是这样啊，它也太孤单了。"

奶奶点点头："谁让它抢占别人的地方，现在人们都叫它独叶草。"

独叶草在我国云南、四川和山西等地都能够见到，和神话故事中说的一样，它生长在海拔2500米到3500米的高山原始森林中，生长环境十分寒冷、潮湿，且十分隐蔽。

因为生存环境非常恶劣，独叶草濒临灭绝。因为生长地区的温度长时间处于零摄氏度以下，种子大多不能成熟，主要依靠根状茎繁殖，天然更新能力差。

除此之外，近年来环境破坏，人类破坏森林植被和无度采伐，独叶草的数量进一步减少，自然分布也日益缩小。

近年来，中国已经建立了针对独叶草的自然保护区，以拯救这种濒临灭绝的植物。

佳佳说："独叶草真是孤独，不过谁让它当初做了错事呢。"

奶奶笑着说："是啊，你以后也要多做好事，不然你也会受到惩罚的。"

奇趣小知识：

独叶草在医学上有非常广泛的应用，是一种非常好的中药材，能够起到散淤、活血、止痛的功效。特别是治疗跌打损伤，瘀肿疼痛，风湿筋骨痛有很好的效果。

甜食天才——浑身都是糖的树

爷爷来看佳佳，给佳佳买了很多水果，有菠萝、苹果、香蕉、草莓，望着一大堆的水果，佳佳高兴坏了。

然而，在吃这些水果之前，爷爷却出了一道难题，让佳佳说出植物界中有没有比这些水果更甜的植物。

聪明的小朋友，你知道这个问题的答案吗？

像菠萝、草莓、香蕉这些常见的水果，大多都带有甜味。只是，这种甜味却没有糖那么甜，而糖是以甜菜和甘蔗为原料制成的。至于有没有比水果更甜的植物，却很少有人知道。

在我国广西地区，有一种野生的植物，叫悬钩子，它的叶子中含有一种物质叫甜味素，主要成分是糖苷，比糖甜300倍。广西当地的居民，一直以来就用这种植物的叶子泡茶喝，因此当地居民又称它为甜茶。这种甜茶能够清热、止咳，尤其是对气管炎和小儿百日咳有较好的疗效。

除了悬钩子之外，我国著名的特产罗汉果，其果实中也含有一种甜味物质，根据植物学家的测定，它与悬钩子的甜度相当，约为蔗糖的300倍。

除了国内的植物之外，在巴西北部的山区，也有一种很甜的菊科植物，当地人们称它为甜叶菊。甜叶菊是非常好的甜味剂，具有热量低的特点，它的含热量只有蔗糖的1/300，吃了不会使人发胖，对肥胖症患者和糖尿病人特别适宜。

血压高的老人，如果能够长期用甜叶菊煮水喝，会达到降低血压、促进新陈代谢的功效。目前，这种植物已经被我国引进，并开始栽培及开发利用。

在非洲的热带雨林地区，同样生存着一种植物，它的果实中含有一种“索马丁”， 它的甜度为蔗糖的3000倍，是又一种比糖甜的植物。

然而，以上列举的并不是最甜的植物。科学家在非洲西部热带森林里还发现了一种叫西非竹芋的植物，它结出的果实是红色的扁平的类似苹果的东西，它的果肉比糖甜3万倍，和糖精一样甜。

经过科学的测定之后，它在很长时间内都被称为植物中的“甜食天才”，很多人都相信，世界上没有比这更甜的植物了。

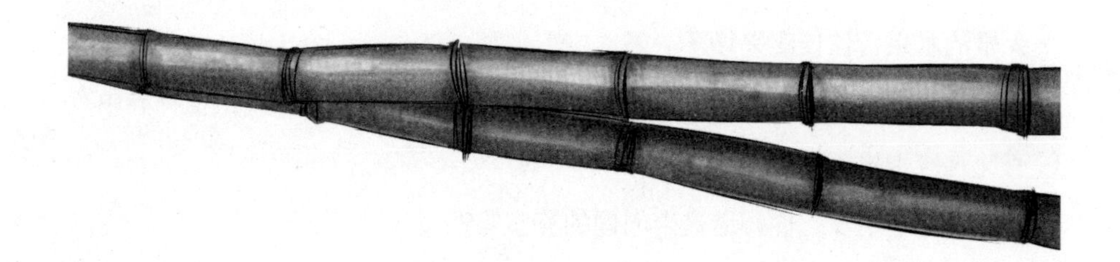

可是不久前，植物学家在加纳热带森林中发现了一种叫卡坦菲的植物，用它提取的“卡坦菲精”，其甜度是蔗糖的60万倍。它的甜度极高，从而夺取了植物世界中的“甜食天才”的冠军，成为目前世界上最甜的植物。

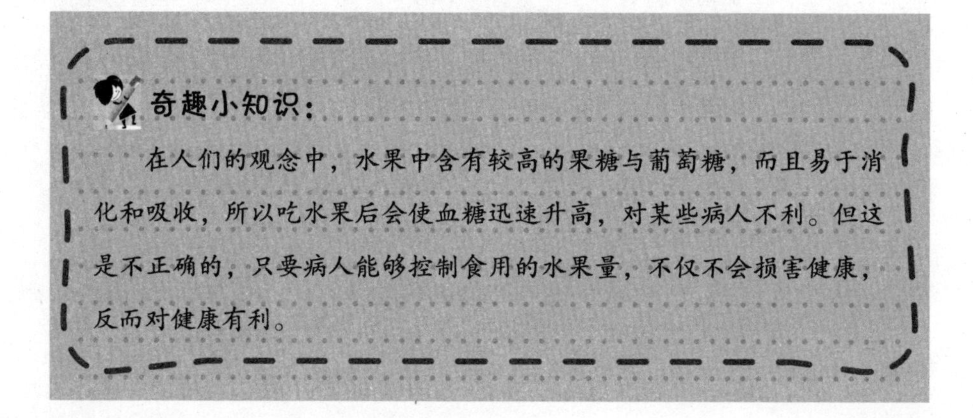

奇趣小知识：

在人们的观念中，水果中含有较高的果糖与葡萄糖，而且易于消化和吸收，所以吃水果后会使血糖迅速升高，对某些病人不利。但这是不正确的，只要病人能够控制食用的水果量，不仅不会损害健康，反而对健康有利。

气象天才——比天气预报还准确

读故事书的时候，佳佳看到《诸葛亮巧用泥鳅借东风》的文章时，对诸葛亮佩服得五体投地。

佳佳说：“这个诸葛亮真是厉害，居然能够用泥鳅来预测天气。不过更厉害的，还要数那只小泥鳅，能够成功地预测出天气变化，看来动物真了不起。”

爸爸笑着说：“有些动物的确很聪明，能够预测天气的变化。不过有很多植物也很厉害，也能够准确地预报天气，甚至比天气预报还要准确。”

佳佳觉得难以置信，她说：“这些植物，连走都不能走，又如何去观察天气？”

爸爸故作神秘地说：“这个我就不知道了，不过你可以去查查资料。”

聪明的小朋友，你相信植物能够预测天气吗？

我们知道，有些动物能够在天气变化前作出反应，比如，民间的一些谚语说：六月蚂蚁要拦路，下午大雨就如注。十月泥鳅翻肚皮，不等鸡叫东风起。

其实，在大自然中，有一些植物也能够准确地预报天气的变化。

在加勒比海有许多美丽的小岛，多米尼加就是其中之一。在这里，生长着一种被称为“雨蕉”的植物。关于“雨蕉”，当地流传着这样的一句话：要想知道天下不下雨，先看雨蕉哭不哭。

这是因为“雨蕉”能够准确地预报天气的雨晴变化，因此，当地的很多居民都会在自家门前栽种几棵雨蕉。当地居民出门之前，都要看一看雨蕉，以便能够准确地掌握天气的变化。

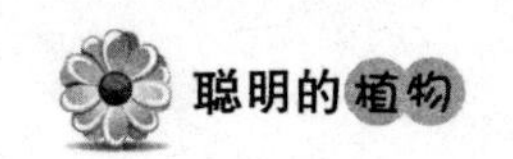

关于雨蕉树能够准确预报天气的奥秘，植物学家经过研究发现，这和雨蕉树的叶片和茎干有很大的关系。

植物学家研究发现，雨蕉树的叶片和茎干的表皮组织非常细密，好像披上了一层防雨布一样。每当天气变化，即将下雨前，空气的湿度会特别大。而当地的气温比较高，雨蕉树体内的水分很难依靠平日的蒸腾作用散发出去，于是便会从叶片上溢出来。加上空气湿度大，会形成水滴，不断地流下来。这就是当地人所说的“雨蕉哭”。一旦雨蕉哭了，就表明空气的湿度很大，天要下雨了。因此，当地人就将雨蕉“流泪”当成下雨的征兆。

除了雨蕉之外，在我国的安徽省和县地区，生长着一棵能够预报一年气象变化的大树。这棵树高12米，树干要两个人合抱才能围过来。整棵大树能够遮盖近100平方米的面积。

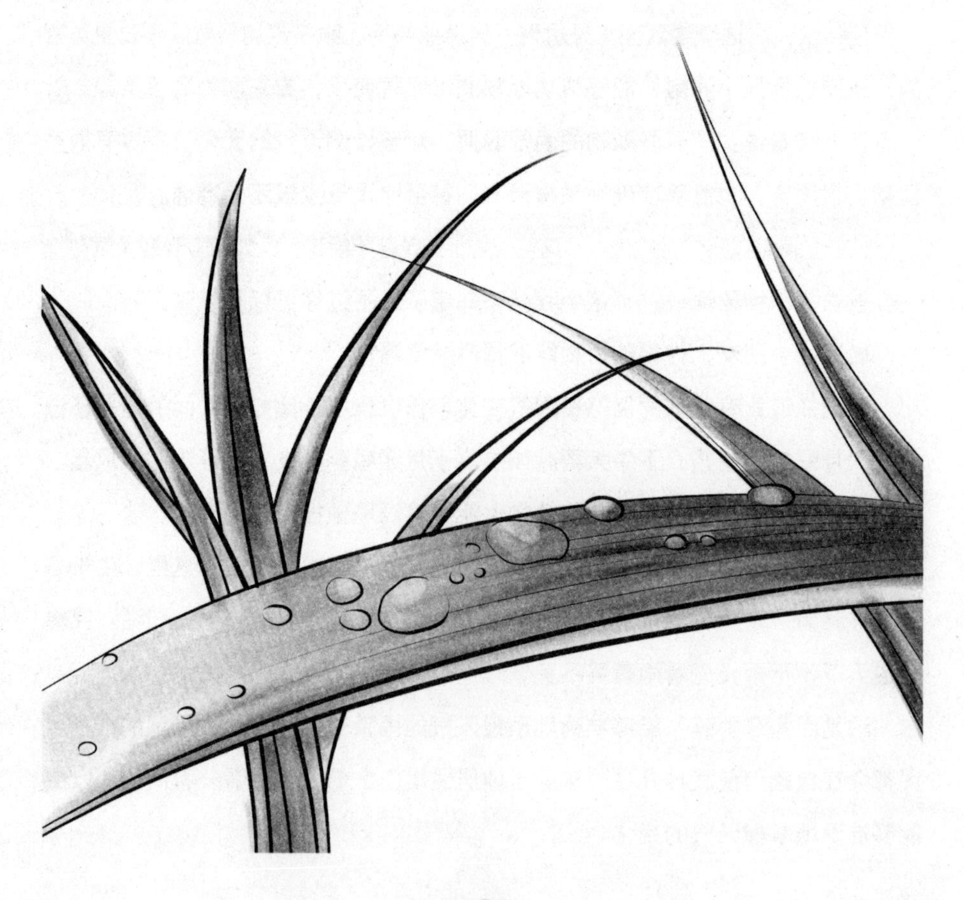

据当地的老人说，这棵树已经400多年。最为神奇的是，根据这棵树的发芽的早晚和树叶的疏密，能够预测当年是旱还是涝。

例如，如果这棵大树在谷雨之前发芽，且芽多叶茂，这一年雨水就多；如果按时发芽，树芽有疏有密，这一年会风调雨顺；如果谷雨后才发芽，且芽少树叶又稀，这一年就会有旱情。

关于这个特点，当地有详细的记录：1934年，这棵树在谷雨后发芽，当年发生了特大干旱。1954年，这棵树发芽早，树叶茂盛，当年当地发了大水。

这棵大树附近的村民，都将这棵树奉为“神树”。至于这棵树能预报当年旱涝情况的具体原因，虽然植物学家多方考察，但至今未能找出令人信服的答案。

了解了答案之后，佳佳高兴地说：“不用爸爸告诉我，我也能查出答案。”

爸爸说：“只要你肯于自己动手，就一定能够找出问题的正确答案。”

奇趣小知识：

在我国的广西地区，也有一种能够预报天气的植物，名字叫青冈树，它的叶子在晴天呈深绿色，在下雨前就会变成红色。当地的村民们不用听天气预报，只要看到青冈树的叶子变红，就能知道天气的变化。

第六章　幽默的植物小故事

韩信草——历史上的趣味传说

历史上关于韩信的典故有很多，比如成也萧何败也萧何、萧何月下追韩信，都和韩信有密切的关系。

除了历史上关于韩信的典故外，在植物界也有一些与韩信有关的故事。在植物界中，有一种植物的名字叫韩信草，一种植物为何会用人的名字来命名呢？这中间也有很有趣的故事。

韩信草，在我国分布得很广泛，在江苏、广西、四川、河北、山西、安徽、云南等地均有分布，主要生长在池沼边、田边或路旁潮湿的地方。

韩信草，又叫耳挖草、牙刷草。长出的叶子是椭圆形，开出的花儿是粉紫色。当春夏之际花儿盛开时，非常好看。关于它的名字的由来，还有一个非常有趣的历史故事。

民间传说，韩信在成名之前，只是集市上一个卖鱼的小商贩。有一天，他在卖鱼时，被几个无赖抢了全部的鱼，还被毒打了一顿，卧床不起。韩信家境贫寒，无钱看病，只能忍着伤痛，躺在床上。

他的邻居是一位姓王的大妈，心地非常善良。她看到韩信的惨状，为他送水送饭，还从田地里采来一种药草，给他煎汤疗伤。过了几天，他的伤就好了。韩信非常感激她，答应以后会报答她，同时也记住了这种药草。

不久之后，天下大乱，韩信入伍参军。韩信的头脑很聪明，军事才能很突出，很快就做到了将军。有一次，韩信率领自己的部队参加了一场大战。战斗情况非常惨烈，很多士兵都受伤了。军营里缺少药材，士兵的生命都危在旦夕。

韩信想起了邻居王大妈采集药材给他治病的事情，就派人到田野采集那种草药，用大锅熬汤让伤兵服用。结果，伤者很快痊愈。

韩信的谋士问如此神奇的草药叫什么名字？韩信想了想，说："我也不知道"。

手下的士兵说："这草药是将军的配方，那就叫'将军草'吧。"

可谋士反对说："几百年后，谁知道是哪个将军，干脆就叫'韩信草'吧。"

从此，韩信草的名字就这样流传开来，一直到现在。

在故事中，韩信草能够治疗跌打肿痛，外伤出血。事实上，韩信草的确有这种功效。具体的方法是采集后洗净晒干，扎把使用。具体服用时，煎服饮用，捣敷外用均可。具有舒筋活络，散瘀止痛的功效。

奇趣小知识：

韩信是中国历史上一个非常有名的人物，淮阴人，今江苏淮安人，是西汉的开国功臣，中国历史上杰出的军事家，与萧何、张良并列为汉初三杰，为汉朝立下不朽的战功，但后来遭到汉高祖刘邦的疑忌，最后以谋反罪处死。

丁香花——美丽的爱情传说

说起丁香花，人们并不陌生，家庭中的日常烹调都能够遇到，它作为一种食物香料，非常受人们喜爱。

丁香为常绿乔木，高度可达10米。花儿的颜色先绿色后紫色，味道芳香。在古代，人们没有牙膏刷牙，会出现口臭。为消除口臭，人们常在口中含一些丁香。据一些民间传说，汉朝大臣和皇帝说话时，必须口含丁香除口臭。

关于丁香花，还有个非常有趣的民间故事。

在古时候，有个年轻英俊的书生，十年寒窗苦读之后，赴京赶考。

赶了一天的路之后，书生投宿在路边的一家小旅店。旅店的主人是父女二人，待人热情、周到。书生受到优待之后，非常感激，便留店多住了几日。

停留几天的时间内，店主的女儿看书生人品端正、知书达理，便心生爱慕之情。书生与姑娘相处的过程中，见姑娘相貌端庄，又聪明机灵，也十分喜欢。

二人互生爱慕，便在月圆之夜，海誓山盟，私订终身。

在明亮的月光下，姑娘想考考书生，提出要和书生对对子，书生点头答应。书生稍加思索，便出了上联：冰冷酒，一点，二点，三点。

姑娘低头沉思了一下，正要开口说出下联，店主突然来到。店主传统思想很深，看见两人私订终身，非常生气，责骂女儿败坏门风，有辱祖宗。

姑娘顾不得考虑对联的事情，赶忙哭诉两人真心相爱，求父亲成全，但店主执意不肯。姑娘性情刚烈，当即气绝身亡。临死时说了一句话，请求她的父亲将她安葬在后山坡上。

失去了女儿，店主后悔莫及，只得遵照女儿临终的话，将女儿安葬在后山坡上。书生悲痛欲绝，再也没有心情求取功名，只能留在店中陪伴店主，翁婿二人在悲伤中度日。

不久，后山坡姑娘的坟头上，竟然长满了郁郁葱葱的丁香树，繁花似锦，芬芳四溢。二人惊讶不已，书生更是每日上山看丁香，就像见到了姑娘一样。

有一天，一个老翁来这里住店，看到了丁香树，便询问缘由。书生便一股脑儿告诉老翁，叙说自己与姑娘的坚贞爱情和姑娘临死前尚未对出的对联一事。

老翁听了书生的话，回身看了看坟上盛开的丁香花，对书生说："其实，姑娘的对子已经对出来了。"

书生急忙上前问："老伯，莫非你是神仙？否则怎么会知道姑娘的下联？"

老翁笑了笑，指着坟上的丁香花说："这就是下联的对子。"

书生仍不解，老翁接着说："冰冷酒，一点，两点，三点；丁香花，百头，千头，万头。"

书生仍是不解。

老翁继续说："你的上联'冰冷酒'，三字的偏旁依次是，'冰'为一点水，'冷'为二点水，'酒'为三点水。姑娘坟前开出的'丁香花'，三字的字首依次是，'丁'为百字头，'香'为千字头，'花'为万字头。前后对应，巧夺天工。"

书生听罢，连忙施礼拜谢，说："多谢老伯指点，学生终生不忘。"

老翁说："难得姑娘对你一片痴情，千金也难买，现在她的心愿已化作美丽的丁香花，你要好生相待，让它世世代代繁花似锦，香飘万里。"

话音刚落，老翁就无影无踪了。从此，书生每日挑水浇花，从不间断。丁香花开得更茂盛、更美丽了。

后人为了怀念这个对感情忠贞的姑娘，便把丁香花视为爱情之花，而且把这副"联姻对"叫作"生死对"，视为绝句，一直流传至今。

奇趣小知识：

在哈尔滨市，丁香花被作为当地的市花，而且当地有很多颇具观赏性的庭园，丁香花开的时候，非常漂亮。

斑竹传说——维护正义的侠士

说起斑竹，顾名思义，指的就是有斑纹图案的竹子。斑竹的生命力强，生长迅速，繁殖能力强，条件适宜的前提下，可在短时间内覆盖大片水域。但是斑竹怕风不耐寒，产于湖南、河南、江西、浙江等地。

关于斑竹，还有一个非常感人的神话故事。

相传在舜帝时代，湖南九嶷山上出现了九条恶龙，住在九座岩洞里，它们性格暴戾，经常呼风唤雨，以致洪水暴涨，导致庄稼被冲毁，房屋被冲塌，民间哀鸿遍野，怨声载道。

远在北方的舜帝知道恶龙为祸人间的消息之后，决定前往湖南的九嶷山，为民除害。舜帝有两个妃子，娥皇和女英，是尧帝的两个女儿。她们心地善良，关心百姓。她们对舜的这次远离家门，也是依依不舍。但是，为了给民间的百姓解除灾难和痛苦，她们还是答应让舜帝前去。

舜帝带着自己的武器三齿耙前往湘江，娥皇和女英日夜为他祈祷，期待他征服恶龙，早日归来。可是，三年过去了，大雁都飞回家三次，花开花落都好几度，可舜帝依然音讯全无。

两人商量之后，确定亲自前往九嶷山，寻找丈夫。于是，娥皇和女英迎着风霜，跋山涉水，到湘江去寻找丈夫。

走了一年半，翻山越岭、跋山涉水，历经无数的艰辛，她们终于来到了九嶷山。只见当地一片升平，百姓安居乐业，曾经悲惨的景象再也不见了。

她们意识到，可能是自己的丈夫征服了九条恶龙。可自己的丈夫在哪儿呢?

为此，她们沿着大紫荆河到了山顶，又沿着小紫荆河下来，找遍了九嶷山的每一个角落，依然没有寻见丈夫的踪影。

这一天，她们来到了一个名叫三峰石的地方。这里竖立着三块大石头，翠竹围绕，有一座珍珠贝壳筑成的高大的坟墓。她们感到惊异，便问附近的百姓“是谁的坟墓如此壮观美丽？三块大石为何险峻地竖立？”

乡亲们含着眼泪告诉她们：“这便是舜帝的坟墓，他从遥远的北方来到这里，帮助我们除掉了九条恶龙，人民过上了安乐的生活，可是他却力竭而死。”

后来，湘江的百姓们为了感激舜帝的厚恩，特地为他修了这座坟墓。九嶷山上的一群仙鹤也为之感动了，它们朝朝夕夕地到南海衔来一颗颗灿烂夺目的珍珠，撒在舜帝的坟墓上，便成了这座珍珠坟墓。三块巨石，是舜帝除灭恶龙用的三齿耙变成的。

娥皇和女英得知实情后，非常伤心，抱头痛哭。她们悲痛万分，一直哭了九天九夜，最后把眼睛哭肿了，嗓子哭哑了，眼泪流干了。最后，哭出血泪来，也死在了舜帝的旁边。

娥皇和女英的眼泪，洒在了九嶷山的竹子山，竹竿上便呈现出点点泪斑，有紫色的，有雪白的，还有血红血红的，这便是“湘妃竹”。竹子上有的像印有指纹，传说是二妃在竹子旁抹眼泪印上的；有的竹子上是鲜红鲜红的血斑，便是两位妃子眼中流出来的血泪染成的。

奇趣小知识：

关于九嶷山上的斑竹，据生物学家考证，当地确实有一条斑竹林带，分布于宁远、道县、江华、蓝山4县的山区，东西长约200华里，南北宽近100华里。然而，近年来，由于人为的破坏，斑竹日渐减少，现仅存几百亩。

车前草——比仙丹还管用的解药

说起车前草，在我国的乡间地头随处可见。它的形状很普通，整株草的高度约为50厘米，长柄几乎与叶片等长，甚至比叶片还要长。因此，民间习惯称其猪耳朵草，大耳朵草。因为车前草非常普通，并没有引起人们过多的关注。然而，它却是农村家庭中不可缺少的一种药草，对腹泻有神奇的功效。比如，谁家的孩子腹泻，找几棵车前草熬汤，往往喝几口汤就好了，药到病除。

除了对腹泻有奇效之外，还能够治愈一些疑难杂症。例如尿频、尿急、尿痛时，只需要挖几棵车前草回来煮汤，喝上三四次也就没事了。

关于车前草治病的方法在民间流传甚广，深受普通百姓的喜爱。而车前草最早药效的发现和由来还有一段非常具有传奇色彩的故事。

传说，在春秋战国时期，连年战争，民间百姓生活困苦，疾病交加。

楚国大将军马武率领一批士兵前去征战，由于敌我力量悬殊，马武和军队被敌人围困在一个荒无人烟的地方。当时正是酷暑时节，士兵水土不服。又加上天旱无雨，缺食少药，不少士兵与战马都得了病，饿死、渴死的不少。随军的郎中面临这种情况也束手无策。

半个月下来，军心更加涣散。因为恶劣的天气愈来愈严重，剩下的人马也因饥渴交加，一个个小肚子胀得像鼓一般，痛苦不堪。不少士兵都得了血尿症，尿像血一样红，小便时刺痛难忍，点点滴滴尿不出来。战马拉尿时也嘶鸣挣扎。

郎中知道这是尿血症，必须立刻找到清热利尿的药去进行治疗。可当时条件艰苦，根本就不可能找到清热利尿的药物。因为无药，大家都束手无策。

马武的手下有个马夫，他和他分管的三匹马也同样患了尿血症，人和马都十分痛苦。慢慢的，马夫就没有能力再照看三匹战马了，战马也得以四处溜达，到处吃草。

过了两天之后，这个马夫突然发现他的三匹马都不尿血了，马的精神也大为好转。他立刻将这种现象向随军郎中报告。这一奇怪的现象引起了郎中的注意。他便紧盯着马的活动，原来马啃食了附近地面上生长的牛耳形的野草。

郎中灵机一动，心想大概是马吃了这种草治好了病，自己不妨也拔些来试试看。于是他拔了一些草，煎水服了下去，很快就感觉身体舒服了，小便也正常了。

郎中将这件事报告了大将军马武，马武非常高兴，立即号令全军吃“牛耳草”。几天之后，人和马都痊愈了。

马武问郎中，“牛耳草在什么地方采集到的？”

郎中向前一指：“将军，那不是吗？就在大车前面。”

马武哈哈大笑：“真乃天助我也，好个车前草。”

此后，车前草治病的名声就传开了，并流传于民间，车前草治疗尿血和腹泻的功效也被后世本草收录，流传至今。

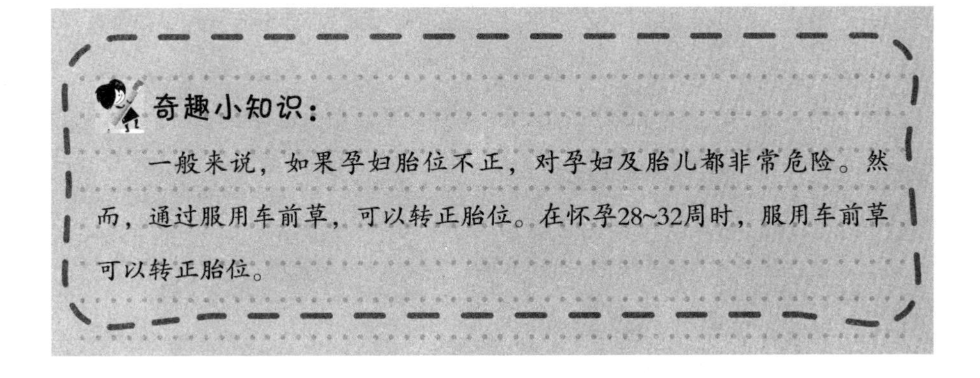

奇趣小知识：

一般来说，如果孕妇胎位不正，对孕妇及胎儿都非常危险。然而，通过服用车前草，可以转正胎位。在怀孕28~32周时，服用车前草可以转正胎位。

凤仙花——有情人终成眷属

凤仙花，又叫指甲花，因它的花头、翅、尾、足都向上翘起，远远看上去很像凤的形状，故叫凤仙花，在我国和印度地区均可见到。

凤仙花的高度达40到100厘米，花朵的形状非常像蝴蝶，颜色有粉红色、大红色、紫色、白黄色、洒金色等，非常好看。

关于凤仙花，有个非常浪漫且凄美的爱情故事，现在就将故事告诉小朋友们。

传说在古时候，在福建龙溪地区，有个叫凤仙的姑娘，长得亭亭玉立，性格温柔善良。在17岁的时候，她与同村一个叫金童的年轻人相恋了。两个人青梅竹马，双方的父母准备在18岁时为他们办婚礼。

一天，当地县官的儿子经过此地，看到漂亮的凤仙，顿时起了色心，前去调戏。凤仙连忙呼救，金童将县官的儿子狠狠打了一顿，县官的儿子狼狈逃走了。

凤仙知道他们二人闯了大祸，县官肯定会找他们报仇。于是决定和金童一起带上父母到外地去躲避。

凤仙的母亲很早就去世了，只留下父亲一人，金童尚有母亲。于是，凤仙和金童带上父母连夜赶路，远走他乡逃难。

县官听说儿子被金童打了一顿之后，命令手下前来捉拿金童。到了金童家之后，发现人去楼空，便连夜追赶。

再说金童与凤仙逃亡途中，金童的母亲患病，闭经导致腹痛难忍，荒山野岭又没有地方能够求医访药，只得停下来休息。

恰在这个时候，县官派的人就要追上来了。凤仙明白，如果金童被抓到，必死无疑，自己也会受到侮辱。无奈之中凤仙、金童拜别父母，纵身跳入万丈深渊，以示抗争。

两位老人强忍着悲痛，将凤仙、金童二人合葬。晚上，两位老人依坟而卧，纪念孩子。凤仙和金童在夜间托梦给父母，告诉他们，山里开放的艳丽的花儿能治母亲的病。

次日醒来，果然看见周围满是红花、白花，红的似朝霞，白的似纯银。老人采花煎汤，饮下之后果真药到病除。

巧合的是，县官和他的儿子先后也是腹痛难忍，寻遍名医也没有效果。他们听说山里开放的花儿能够治病，便采摘煎汤。然而，他们饮下之后，不仅没有治愈腹痛，反而一命呜呼。

凤仙和金童的故事在当地被奉为美谈，人们就把这种花命名为凤仙花以示纪念。

凤仙花的故事，告诉了人们一个很重要的道理：一定不能心存恶念，否则会得到报应的。相反，如果心存善念，也会得到回报的。

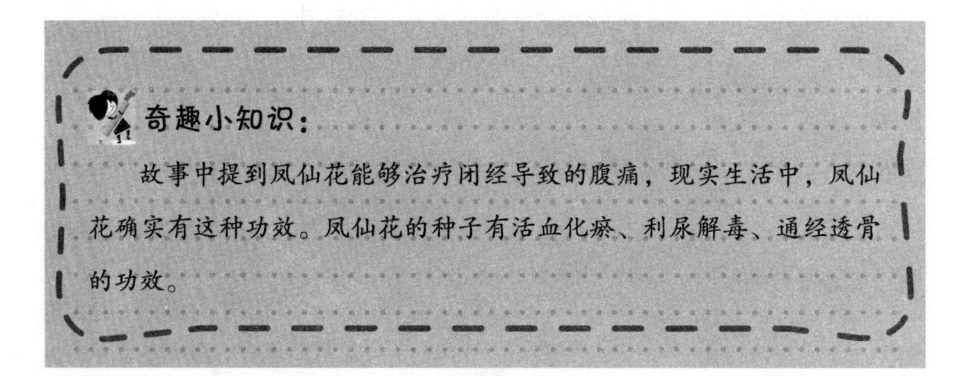

奇趣小知识：

故事中提到凤仙花能够治疗闭经导致的腹痛，现实生活中，凤仙花确实有这种功效。凤仙花的种子有活血化瘀、利尿解毒、通经透骨的功效。

杜鹃花——美丽的世外桃源

杜鹃花是我国的十大名花之一，它与牡丹、菊花、月季、荷花、茶花、桂花、水仙、兰花、梅花并称中国十大名花。

在十大名花之中，杜鹃花算得上花、叶同样美丽。在世界各地都有杜鹃花的分布，无论数量、种类，中国的杜鹃花都是首屈一指。如今，贵州、安徽和江西都以杜鹃花作为省花。在省、市重大活动的现场，都能够见到杜鹃花的身影。

杜鹃花的颜色各不相同，有粉红色、白色、紫红色、紫色、黄色、玫瑰红，因品种的不同而颜色各不相同。中国古代著名的诗人白居易，曾经在《山枇杷》一诗中这样写道：回看桃李都无色，映得芙蓉不是花。描写的正是四月天杜鹃花大放异彩的时候。

关于杜鹃花，有一个神话故事，现在将故事整理出来，供小朋友们阅读。

传说，在日出的地方，有一个安静、和平的国家。那里的土壤肥沃，物产丰盛，人们丰衣足食，无忧无虑，生活得十分幸福。

这个国家的君王，名叫杜宇。他是一个心地善良、尽职尽责、勤劳勇敢的人。他非常爱戴他的百姓，为百姓提供各种农业技术，使当地的百姓衣食无忧。

然而，衣食富足的百姓逐渐乐而忘忧。看到这里，他心急如焚。每次农忙时节，他都要四处奔走，催促百姓赶快播种，把握农时。

可是，如此年复一年，百姓们都养成了习惯，都等着君王前来催促他们农忙，不来就不去播种。

终于，杜宇积劳成疾，很快就离开了他的百姓。可是他非常爱戴他的百姓，对百姓还是难以忘怀。为此，他的灵魂化为一只小鸟，每到春天播种时节，就四处飞奔，发出呼唤人们农忙的叫声：布谷布谷，快快布谷。直叫得嘴里流出鲜血方才罢休。鸟嘴流出的鲜红的血滴洒落在漫山遍野，生成一朵朵美丽的鲜花。

人们被感动了，他们开始学习他们的好君王杜宇，变得勤劳和负责。

为了纪念他们的君王杜宇，人们把喜欢啼叫的小鸟叫作杜鹃鸟，把那些鲜血化成的花儿叫作杜鹃花。

虽然只是一个神话故事，却告诉了人们一个很重要的道理：不能乐而忘忧，应该居安思危。身处安乐的环境中，不能忘乎所以，要想到可能有的危险。

如今，很多家庭都喜欢培植杜鹃花，但要知道，有些品种的杜鹃花是有毒的，会引起人、畜的中毒。根据植物学家的研究发现，有毒的品种主要为羊踯躅和牛皮茶等。羊踯躅又叫闹羊花，花的颜色为黄色而有毒，羊误食之后，会立即死亡，所以叫“羊踯躅”。

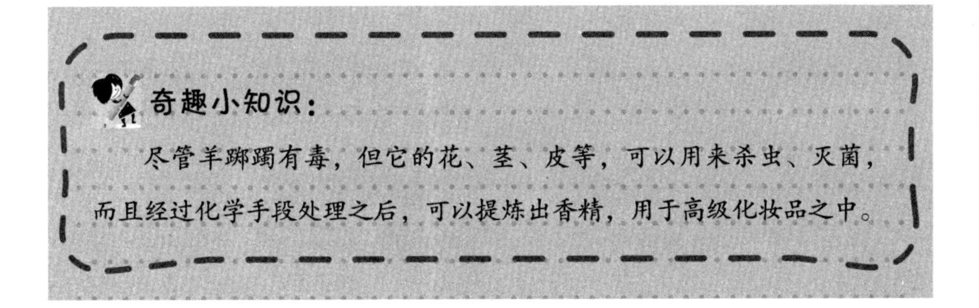

奇趣小知识：

尽管羊踯躅有毒，但它的花、茎、皮等，可以用来杀虫、灭菌，而且经过化学手段处理之后，可以提炼出香精，用于高级化妆品之中。

昙花——只在夜间盛开

昙花在中国很有名，原产南美洲地区，因优雅、美丽受到很多人喜欢，适应能力强，在很多家庭都能够看到。

昙花为很多中国人所熟知，是因为“昙花一现”这个成语。这个成语的意思是指美好的事物出现的时间很短。昙花开出的花朵非常美丽，但是开花时间却只有三个小时左右，十分短暂。

昙花又叫韦陀花，关于这种花儿，还有一个凄美的爱情故事，现在将这个故事讲给小朋友听。

在很久以前，昙花是一位漂亮的花仙子，每天都开出漂亮的花朵，用于装饰漂亮的天堂。然而，昙花却爱上了每天都给它浇水、施肥的年轻人。

在天堂是不能恋爱的，玉帝知道这件事之后，大发雷霆，将他们拆散了。不仅将昙花打入凡间，还惩罚它一年只能开一瞬间的花儿。同时，那个年轻人被玉帝送到灵鹫山出家，并且改名为韦陀，为了让他忘记昙花，还消除了他所有的记忆。

很多年过去了，韦陀果然忘记了漂亮的昙花，潜心研究佛学，且渐有所成。而昙花却怎么也忘不了那个曾经照顾过自己的年轻人。

后来，她得知每年的暮春时分，韦陀总要下来为佛祖采集朝露泡茶。所以，昙花就选择在那个时候开放。每一年，她把集聚了整整一年的精华绽放在那一瞬间。

每一次开出漂亮的花朵，她都希望韦陀能回头看她一眼，能想起她。可是千百年过去了，韦陀一年年地下山来采集朝露，昙花一年年地绽放出美丽的花朵，韦陀却始终没有想起她。

有一天，一位面容枯瘦的男子从昙花身边走过，看到昙花面露苦闷之色。便停下脚步，问昙花："我看你面容憔悴，你为什么这样？"

这让昙花很惊奇。面前的这个人只是一个普通的凡人，怎么能够看到自己的表情呢？

昙花犹豫了一下，轻轻地叹口气，"你只是一个凡人，帮不了我。"说完又默默地等待韦陀不再回答那个男子的话。

16年后那个枯瘦的男子又从昙花身边走过，又问了她16年前的那个问题："我看你依旧面容憔悴，你为什么这样？"

昙花再次犹豫了一下，只是回答说："你只是个凡人，帮不了我。"

这位枯瘦的男子只好再次离开。

又过了16年，那个枯瘦的男人再次出现在昙花面前，只是这次已经变成了老人。

他看了看昙花，依旧问了和32年前一样的话：“我看你还是那么憔悴，你为什么这样？”

昙花不忍再拒绝这个老人，说：“谢谢你这个凡人，你一共问过我三次，前两次我没有回答你，现在我告诉你，我是因为爱情被老天惩罚的花仙子。”

老人点点头，说：“我是聿明氏，我只是来了断几千年前你们没有结果的那段爱情。花仙子我送你一句话‘缘起缘灭缘终尽，花开花落花归尘’。”

昙花默默地念了念这句话，说：“不管地老天荒，我都要等到他想起我。”

聿明氏听到这句话，被她坚贞的爱感动，只是轻轻地叹了口气，说：“昙花一现为韦陀，这般情缘何有错，天罚地诛我来受，苍天无眼我来开。”

最后，在聿明氏的帮助下，昙花终于见到了韦陀，韦陀也想起了前世的因缘，两个人终于走到一起。而聿明氏因为违反了天条，被玉帝惩罚，一生漂泊，永无轮回。

因为昙花一现，只是为了韦陀。因此昙花又名韦陀花。也因为昙花是在夕阳后见到韦陀，所以昙花都是夜间开放。

在中国的民间故事中，经常能够看到聿明氏，这是对一些相师、道士的统称，或是充当一个未卜先知的角色。

奇趣小知识：

一般来说，露水属于冷凝水，属于自然的小分子水，如果能够泡茶喝，口感极好。不过需要注意的是，目前，城市污染严重，空气中的污染元素很多，饮用暴露于大气中的露水不利于健康。如果要饮用，需要进行处理。

第七章　植物与人们的生活息息相关

众说纷纭——室内养花好不好?

佳佳越来越喜欢研究植物了，爸爸为了培养她的兴趣，决定带着佳佳去花市上选择几盆植物。

到了花市上，各种漂亮的花朵整齐地摆在那里，一种比一种好看。

爸爸走到一家商店中，认真地询问着，并不时停下来认真观察。

佳佳说："爸爸，这些植物开的花儿那么好看，你还选什么？"

爸爸说："这必须得认真选择。我们家中能够摆放哪些植物，要根据我们家房间的大小以及采光条件来确定。另外，有些花儿虽然很好看，但并不适合室内培植。"

佳佳一下子愣住了，她不知道室内养花还有这么大的文章。

聪明的小朋友，你知道室内养花需要注意些什么吗?

如今，室内养花受到很多人的欢迎，认为植物对人的各方面都能起到一定的作用。首先，绿色植物能够改善空气质量，增加含氧量；其次，能够减少各种电器的辐射，降低对身体的损害；再次，能够美化环境，舒缓紧张情绪。

养花的好处很多，殊不知家中养花也是有很多讲究的。

一、室内适合摆放多少植物，应根据房间大小、采光条件及个人爱好来确定。一般而言，房间面积大且是向阳的，可选择将植物直接摆在地上，或置于书架之上；如果房间不大，则室内花卉应该少一些，且选择盆栽为主，并选用株型小巧玲珑的。

二、室内适合摆放何种植物，应该以当地的气候为准，早春以花为主，配以青、绿观叶植物；夏季以芳香为主；秋天则以观果为主，配以叶花；冬天以青叶为主，配以花果。最好选择能吸收二氧化碳、净化空气的花卉。

三、室内适合摆放何种植物，应注意植物的特点。例如，很多家庭都培植有兰花，兰花能够散发出淡淡的、持久的香味，但久而久之会令人过分兴奋而引起失眠。再比如，紫荆花，它所散发出来的花粉如果长时间与人接触，会诱发哮喘及使咳嗽症状加重。

以上几个方面是很多人都应该注意的。当然，大多数的植物摆放在室内，是能够达到净化空气、改善环境的效果的，这需要在选择植物时，详细了解这些植物的特点，再具体应对，使室内养花创造出最大的价值。

这里来简单地介绍几种植物的特点。

芦荟、虎尾兰、一叶兰等植物，可以清除空气中的有害物质。植物学家研究发现，虎尾兰能够吸收室内80%的有害气体，特别是吸收甲醛的能力极强。

一些新装修的房子，在入住之前摆放几盆虎尾兰，能够有效地清除甲醛。

桂花、腊梅及花叶芋等植物是天然的除尘器，其纤毛能够截留并吸收空气中飘浮的微粒及烟尘。

玫瑰花、桂花、紫罗兰、柠檬、蔷薇等芳香型的花卉，能够产生挥发性油类，有显著的杀菌作用。

听了爸爸的讲解之后，佳佳又增长了见识。经过认真筛选之后，他们选择了一盆虎尾兰和紫罗兰，开开心心地回了家。

奇趣小知识：

有一些植物不能一同放在室内，例如花玫瑰和木樨草，如果放在一起，花玫瑰会释放出一种气体，使木樨草很快凋谢。而木樨草在凋谢前会释放出一种使玫瑰中毒死亡的物质。同样不能共同放在室内的，还有虞美人、兰花、石竹兰、紫罗兰等，这些都与其他的花卉难以相处。

养生佳品——石榴的药用价值

入秋了，天气逐渐变冷了。

爸爸洗好、晾好衣服之后，说："现在天气太干燥了，我总是感觉到咽喉干燥，而且皮肤也有点皲裂。"

妈妈回答说："天气太干燥导致的，下午去超市买点石榴吃。"

佳佳听到要买石榴吃，非常高兴，说："妈妈，下午我也要去超市，我也想吃石榴了。"

妈妈说："爸爸是咽喉干燥，才吃石榴的。你为什么要吃？"

佳佳问："吃石榴可以治疗咽喉干燥吗？"

妈妈点点头。

聪明的小朋友，你知道石榴的药用价值吗?

石榴，原产于中国的西域，在汉代时传入中原。一般来说，在中秋、国庆两大节日期间，是石榴成熟的季节。这个时候，很多走亲访友的人，都会选择将石榴作为礼物送给亲朋好友。

石榴是一种非常好的礼物，因为它对人体有非常多的好处。

例如，秋天的时候，天气干燥，很多人容易上火，出现咽喉干燥、皮肤皲裂、大便干燥等症状，这个时候，如果能够吃一些石榴，则有助于消除这些症状。

根据养生专家的研究发现，石榴的功能主要有以下几个方面：

一、能够起到消炎杀菌的作用。

石榴树浑身是宝，它的叶、皮、花、根均能够作为药物。石榴的皮，味道有点酸涩，入药的主要功能是涩肠、止血、驱虫，可以治疗痢疾、腹泻、大便带血、虫积、疥癣等疑难杂症。石榴花能止血，叶片可治疗眼疾。石榴的果实有行气化瘀、健脾温胃、助消化、增强食欲等功效。

二、对一些妇科疾病有治疗作用。

石榴皮有良好的止血作用，入药既可内服治疗痔疮下血，也可外用，治疗创伤出血。一些妇科炎症，如带下，石榴花对此有很好的治疗作用。一般黄白带下者可用白石榴花，白带下者用红石榴花，鲜药5克~10克，一次煎服。

三、能够生津润燥。

石榴的果实汁液多，能够起到养阴生津止渴的作用。秋天天气干燥，一些阴虚内热的体质容易口干且脾气烦躁，食用石榴可以预防。因上火引起的舌红绛少苔者，可以石榴取籽饮汁，防治口干舌燥十分有效。石榴含有较多鞣酸，有开胃、助消化、止泻等功效。

四、抗氧化延缓衰老。

石榴的汁液中，含有非常丰富的抗氧化剂，这些物质能够预防动脉粥样硬化，延缓衰老，还有预防肿瘤的作用。因为石榴的多酚含量高，而且还有另一种抗氧化物质鞣花酸。

现在很多人越来越关注养生，石榴就是一种非常好的养生食物，且副作用极小。

五、能够降胆固醇、预防心血管疾病。

一些胆固醇高的人，每天饮用3小杯石榴汁，连续饮用2周，可使胆固醇氧化过程减缓40%，并可减少已沉积的氧化胆固醇，且能够有效地预防心血管疾病。

听完之后，佳佳说："原来石榴有这么多功效呢，看来我要多吃石榴了。"

爸爸说："石榴是一种酸性食物，并不是吃得越多越好，只有适量才能够起到更好的作用。"

奇趣小知识：

如今生活水平越来越高，很多反季节的水果出现在人们的餐桌上。养生专家提醒人们，反季节水果尽量不要吃，不但口味不好，且营养价值不高，食用的话会伤及肠胃。

永不放弃——爬山虎的精神

佳佳到舅舅家去做客。

吃完晚饭之后，佳佳和舅舅站在阳台上玩耍。突然间，爸爸很诧异地说了一句：“瞧！这爬山虎，多茂密。”

佳佳抬头一看，被眼前的景象惊呆了。这些爬山虎是从阳台上涌出来的，顺着墙壁楼层，争先恐后地向上攀，那繁茂墨绿的叶子，像挂毯，像瀑布，比任何一种植物更茂盛更有生命力。

佳佳顿时愣住了，问：“这爬山虎是什么？为什么能够爬那么高？”

聪明的小朋友，你知道爬山虎是什么吗？

爸爸提醒佳佳：“你自己观察一下，爬山虎的一些特征。”

佳佳认真地观察了一下，发现在爬山虎的颈上，有许多类似小爪子的东西，正是因为有这东西，才能使爬山虎爬得十分高。

在植物界中，爬山虎又叫爬墙虎、飞天蜈蚣。一般来说，它夏季开花，花朵很小，黄绿色，果实是紫黑色。常常攀缘在墙壁或岩石上，在我国分布非常广。

在植物界中，爬山虎一直是“永不放弃”的代名词，在每一个爬山虎向上爬的时候，都需要自己的爪子紧紧地抓住墙，而且还要一步一步地抓。只有这样，它们才能在刮大风时不被吹下；只有这样，它们才能在大雨时打不倒；也只有这样，它们才能让人在拉拽它们的时候把墙皮一起拽下来。

爬山虎因其旺盛的生命力，在立体绿化中发挥着举足轻重的作用。它不仅可达到绿化、美化效果，同时也发挥着增氧、降温、减尘、减少噪音等作用，是目前绿化植物中最好的选择之一。

爬山虎与其他他绿色植物相比较，有着以下几种优势。

一、爬山虎吸附攀缘能力非常强。它有随生根和吸盘，因而能牢固地附着在平直的砖墙、水泥墙和石坡上。

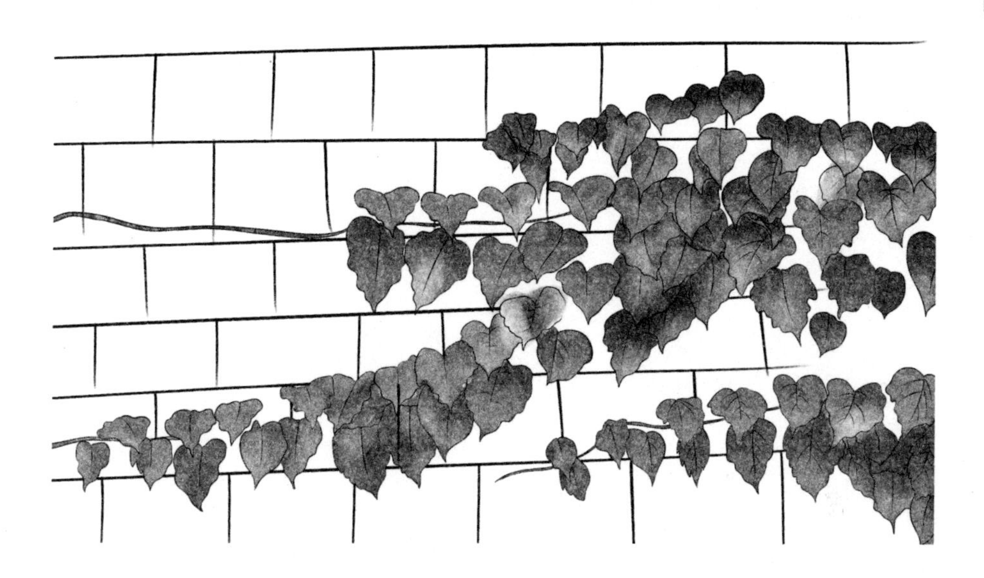

二、爬山虎生命力相当顽强。它具有广泛的适应性和较强的抗逆性，能够在土层极其瘠薄、自然环境较为恶劣的地方生长繁衍，抢占地盘。据植物学家研究发现，爬山虎栽植在立交桥的角落里，尽管少见阳光，常年得不到人工养护，仍能顽强生长，只是生长速度缓慢而已。

三、爬山虎生长速度快。在一般墙脚底下新植爬山虎每年枝长可增长2米左右，从第二年起枝长又能增长4米左右，并且每个植株上还可长出十多个分枝，生长十分迅速。

四、爬山虎覆盖效果非常好。

在当前，政府一直号召增加绿化面积，爬山虎就是最好的选择。

了解了这些知识之后，佳佳高兴地说：“想不到爬山虎具有这么大的作用，看来以后我也要研究一下爬山虎，争取为绿化祖国作贡献。”

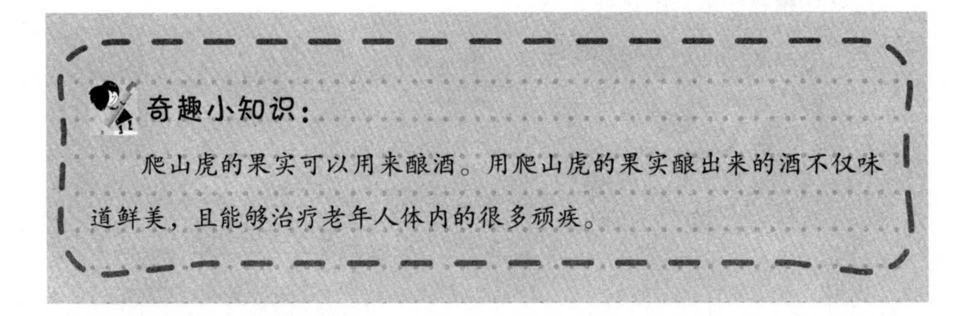

奇趣小知识：

爬山虎的果实可以用来酿酒。用爬山虎的果实酿出来的酒不仅味道鲜美，且能够治疗老年人体内的很多顽疾。

人参果——传说中的圣果

暑假到了，电视里每天都在播放《西游记》，佳佳看得津津有味。当看到《偷吃人参果》这一集的时候，里面的土地爷介绍人参果时，这样说道：这人参果树三千年一开花，三千年一结果，再三千年才得以成熟。鼻子嗅一嗅能活三百六，若是能吃上一颗，能活四万七千年。

佳佳说："我要是能够吃上一个人参果，该有多好啊。"

爸爸听完后哈哈大笑，说："就是给你吃上一个人参果，你又能怎么样？"

佳佳认真地回答："我就可以长生不老，能够活四万七千年。"

爸爸笑着说："那行，我下次去超市给你买一个人参果，满足你的愿望。"

佳佳一听，说："爸爸，你在开玩笑，超市怎么会卖人参果呢？"

聪明的小朋友，你认为佳佳的爸爸是在开玩笑吗？

超市中，确实有一种水果叫人参果，是目前在我国广泛种植的原产于南美洲安第斯山北麓的一种植物水果，在我国各地统称为人参果。

这种人参果又叫金参果、长寿果、香瓜梨。其实，从植物学的角度来说，人参果应该叫香瓜梨，但是因为它具有一定的营养保健和养生价值，故又被称为人参果。

在全国各地，一旦提到人参果，都会引起很多人的关注，这与《西游记》中的吃人参果能够长生不老有很大的关系。人参果的果实为多汁浆果，果实的颜色为淡黄色，呈椭圆形、卵圆形、心形、陀螺形，成熟的果实呈奶油色或米黄色。

虽然这个人参果不能让人长生不老，却具有丰富的营养价值。人参果具有低糖、高蛋白和富含多种维生素、氨基酸以及微量元素的优点。根据营养学家的分析，人参果中所含的蛋白质、维生素、微量元素是其他食物的三倍到十几倍，营养成分非常高。最为难得的是，营养比较均衡，比较全面。

尽管无法像《西游记》中的人参果那样，能够让人长生不老，却因为它有很好的养生作用，被很多人喜欢。

然而，由于人参果的含糖量低，口感无法与香蕉、苹果、草莓相比，这让它的发展受到一些限制。近年来，由于糖尿病人群的增多，很多糖尿病患者对人参果情有独钟，在一定程度上，又让它得到了发展。

听完爸爸的讲述之后，佳佳高兴地说：“太好了。真是想不到，真是想不到，现实中真的有人参果。”

爸爸回答说：“是的，不过口感不是很好。”

佳佳回答说：“那我们可以买一些送给爷爷奶奶和姥姥姥爷，让他们吃到更健康的食物。”

爸爸点点头表示赞同。

奇趣小知识：

如今，由于环境污染、食物污染，社会上癌症患者急剧增加，呈现平民化的趋势。人参果具有很好的抗癌效果。因其富含多种微量元素，而这些微量元素如：硒、铁、钙、锌等元素对激活人体细胞，增强人体免疫力，维持免疫细胞的正常功能，抑制恶性肿瘤细胞的裂变，起着重要的决定作用，被人们称为“抗癌之王”。

亲密战友——动植物之间的配合

佳佳最近迷上了植物学，每天都在研究各种植物的特点。这一天的自然课上，她又学到了新的知识——动植物之间的配合。她认真地温习了新知识，决定去考一考爸爸。

放学后，佳佳回到家，对爸爸说："爸爸，我来问你一个关于动物与植物的问题。"

爸爸点点头。

佳佳问："你知道动物与植物相互配合的事例吗？"

爸爸想了想，摇摇头。

聪明的小朋友，你知道动植物之间相互配合的事例吗？

植物学家在研究一种食肉植物时，发现了一个很奇怪的现象，这种植物体内的营养物质，有很大一部分来自蝙蝠的粪便和尿液。这一奇怪的现象引起植物学家的关注，经过周密的考察，他们终于找到了答案。

问题的答案就是这种肉食植物与蝙蝠是"亲密的战友"。这种植物在诱捕昆虫方面，并不会像猪笼草那样花费太大的精力，它们和猪笼草一样，释放出一些挥发性混合物和消化液，与猪笼草不同的是，它们只是释放出少量的。但为了能够捕获到猎物，它们在水袋构造上花费了很大的工夫。

看到这里，你或许会觉得很奇怪，它是如何捕获到食物的呢？

原来，这种植物的食物并不单一，蝙蝠的粪便也可以成为这种植物的食物。它的水袋的大小和形状很适合蝙蝠栖息。当蝙蝠进入水袋中时，会觉得狭长而又舒服。可以给蝙蝠足够的空间。

更为重要的是，这种形状很适合蝙蝠母亲哺乳幼崽，两只蝙蝠可以在水袋上舒适地叠挂在一起。当然，蝙蝠特殊的习性使它们并不会轻易地与这种植物选择配合。据植物学家统计，平均只有2.5%的蝙蝠会在这种食肉植物上栖息。

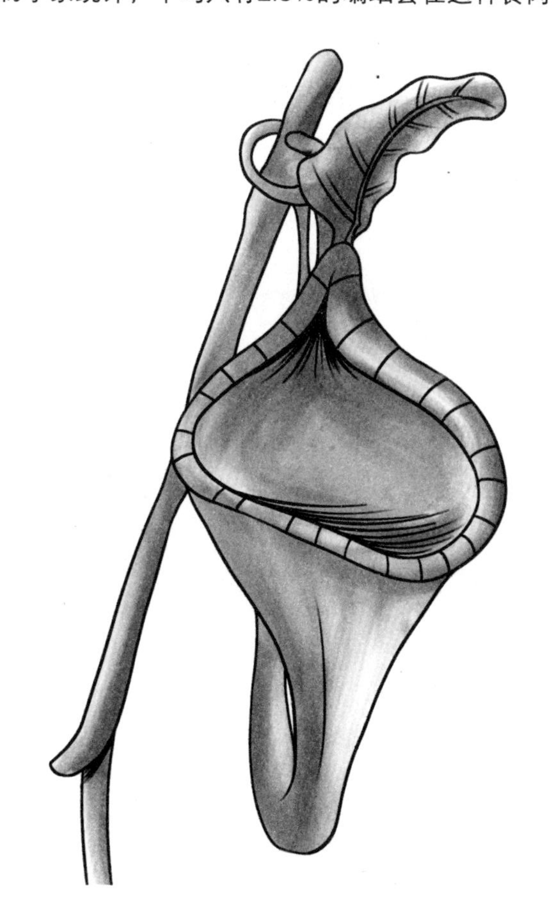

然而，这一点数量，对这种植物而言，已经足够。只要这种植物一生中能吸引一次蝙蝠就已经足够，它的收获会很丰富。

植物学家猜测，是蝙蝠偶然间栖息于此，促使了植物与蝙蝠两者关系的飞跃式进化。偶然的利用关系，可以进化成经常性的专门化的利用，刺激食肉植物发展出更利于栖息的水袋。曾有植物学家认为像植物水袋这种栖息场所很可能是蝙蝠忙碌一宿捕食后的一个白天临时性的歇脚点。但是，这次研究则发现，蝙蝠把这种植物当成了永久性的家。

植物学家研究发现，植物与动物之间建立的微妙关系，自然界中有很多类似现象。在非洲大陆的一种刺槐，能够分泌出一种营养成分，这种营养成分是当地一种蚂蚁成长所必需的。刺槐分泌的物质，吸引蚂蚁前来。这种蚂蚁可以反过来帮助刺槐消灭身上的害虫，达到互惠互利的目的。

佳佳说完之后，爸爸问："看来你又学到了新的知识了。"

佳佳点点头："是啊，自然界中还有很多这样的现象，我要努力学习，以后要详细地研究。"

奇趣小知识：

生活中，我们知道，草食动物要吃植物，部分肉食动物又要吃草食动物，归根到底，动物是靠植物生存。而动物反过来又保护植物，比如以粪便来肥沃土地。这同样是动植物之间的配合。